W0258591

Teubner Studienbücher

Physik

Becher/Böhm/Joos: **Eichtheorien der starken und elektroschwachen Wechselwirkung**
395 Seiten. DM 34,–

Bourne/Kendall: **Vektoranalysis**
227 Seiten. DM 21,80

Daniel: **Beschleuniger**
215 Seiten. DM 25,80

Großer: **Einführung in die Teilchenoptik**
155 Seiten. DM 21,80

Großmann: **Mathematischer Einführungskurs für die Physik**
3. Aufl. 288 Seiten. DM 28,80

Heber/Weber: **Grundlagen der Quantenphysik**
Band 1: Quantenmechanik. VI, 158 Seiten. DM 18,80
Band 2: Quantenfeldtheorie. VI, 178 Seiten. DM 19,80

Kamke/Krämer: **Physikalische Grundlagen der Maßeinheiten**
Mit einem Anhang über Fehlerrechnung. 218 Seiten. DM 19,80

Kneubühl: **Repetitorium der Physik**
2. Aufl. 544 Seiten. DM 39,80

Lautz: **Elektromagnetische Felder**
2. Aufl. 184 Seiten. DM 26,80

Lohrmann: **Hochenergiephysik**
2. Aufl. 248 Seiten. DM 28,80

Mayer-Kuckuk: **Atomphysik**
Eine Einführung. 2. Aufl. 233 Seiten. DM 28,–

Mayer-Kuckuk: **Kernphysik**
Eine Einführung. 3. Aufl. 349 Seiten. DM 30,80

Raeder u. a.: **Kontrollierte Kernfusion**
Grundlagen ihrer Nutzung zur Energieversorgung. 408 Seiten. DM 34,–

Rohe: **Elektronik für Physiker**
Eine Einführung in analoge Grundschaltungen. 247 Seiten. DM 24,80

Walcher: **Praktikum der Physik**
4. Aufl. 408 Seiten. DM 28,–

Wegener: **Physik für Hochschulanfänger**
Teil 1: 269 Seiten. DM 23,80
Teil 2: 282 Seiten. DM 23,80

Wiesemann: **Einführung in die Gaselektronik**
Grundlagen der Elektrizitätsleitung in Gasen
282 Seiten. DM 28,–

Fortsetzung auf Textseite 157

Einführung in die Teilchenoptik

Von Dr. rer. nat. Joachim Großer
Privatdozent an der Universität Hannover

Mit 71 Abbildungen

 B. G. Teubner Stuttgart 1983

Dr. rer. nat. Joachim Großer

Geboren 1941 in Berlin. Studium der Physik von 1961 bis
1966 in Freiburg und Berlin. 1971 Promotion in Freiburg.
Studienaufenthalte am FOM-Institut in Amsterdam 1972/73
und 1977. Seit 1973 an der Universität Hannover, seit
1979 Privatdozent.

CIP-Kurztitelaufnahme der Deutschen Bibliothek

Großer, Joachim:
Einführung in die Teilchenoptik / von Joachim
Großer. - Stuttgart : Teubner, 1983.
  (Teubner-Studienbücher : Physik)
  ISBN 978-3-519-03050-8   ISBN 978-3-322-91218-3 (eBook)
  DOI 10.1007/978-3-322-91218-3

Gesamtherstellung: Beltz Offsetdruck, Hemsbach/Bergstraße
Umschlaggestaltung: W. Koch, Sindelfingen

Vorwort

Die bahnbrechenden Fortschritte im Bereich der Ionen- und Elektronenoptik haben in den Jahren von 1930 bis 1960 stattgefunden. In dieser Zeit wurden das Elektronenmikroskop, die hochauflösenden Massenspektrometer und die ersten Beschleuniger entwickelt. Fast alle teilchenoptischen Instrumente, mit denen wir heute umgehen, wurden für einen dieser Anwendungszwecke erfunden. Heutzutage ist die Elektronen- und Ionenoptik kein aktuelles Forschungsgebiet mehr. Dafür hat sie sich aber zu einem völlig unentbehrlichen experimentellen Hilfsmittel entwickelt, das in vielen unterschiedlichen Bereichen der physikalischen Forschung und der Technik eingesetzt wird. Wer mit einem Elektronen- oder Ionenstrahl umgehen muß, kommt nicht umhin, Überlegungen und experimentelle Hilfsmittel aus dem Bereich der geometrischen Teilchenoptik anzuwenden.

In dem vorliegenden Buch werden in erster Linie die Bauelemente teilchenoptischer Geräte, also vor allem Linsen und Prismen, beschrieben. Ihre Eigenschaften werden dargestellt, und ihre Funktionsweise soll verständlich gemacht werden. Darüber hinaus werden Begriffe eingeführt, die man benötigt, um das Zusammenwirken mehrerer Bauelemente in einem optischen Gerät zu beschreiben und zu beurteilen. Im letzten kurzen Kapitel wird auch auf die Optik mit neutralen Teilchen eingegangen. Die physikalischen Vorkenntnisse, die der Leser benötigt, gehen über den Stoff der ersten zwei Semester des Physikstudiums kaum hinaus. Ähnliches gilt für die Mathematik. Rechnungen sind zwar oft recht knapp dargestellt, aber sie können immer anhand des Textes mit elementaren Mitteln nachvollzogen werden.

Die in diesem Buch enthaltene Information sollte bei vielen praktisch vorkommenden Aufgabestellungen zur Lösung genügen. Bei sehr aufwendigen Anlagen wird man zusätzlich numerische Bahnberechnungen durchführen. Darauf wird hier nicht eingegangen. Methoden, die über den Rahmen dieses Buches hinausgehen, benötigt man auch, wenn man eine Abbildung besonders hoher Qualität erreichen will. Die Auswirkung von Abbildungsfehlern wird in diesem Buch zwar geschildert, aber es wird nur am Rande besprochen, was man tun kann, um sie zu beseitigen.

Hannover, im Herbst 1982   J. Großer

5

Inhaltsverzeichnis

1 Geladene Teilchen in elektrischen und magnetischen Feldern

1.1 Die Grundgleichungen

In diesem Buch wird vor allem die Bewegung von Elektronen und Ionen in statischen elektrischen und magnetischen Feldern besprochen. Als Ausgangspunkt benötigen wir die Bewegungsgleichung und die Gleichungen, die für die Eigenschaften und die Erzeugung solcher Felder maßgeblich sind.

Die Bewegungsgleichung für eine Punktladung unter dem Einfluß eines elektrischen Feldes $\vec{E}$ und eines magnetischen Feldes $\vec{B}$ lautet

$$d/dt\, m\vec{v} = q(\vec{E} + \vec{v}\times\vec{B}) \tag{1.1}$$

$\vec{v}$ ist der Geschwindigkeitsvektor, q und m sind Ladung und Masse. Für nicht zu große Geschwindigkeit ist die Masse eine Konstante, die Ruhemasse m_o des betrachteten Teilchens. Ist die Geschwindigkeit groß, dann muß man die relativistische Massenveränderlichkeit berücksichtigen,

$$m = m_o\, (1-v^2/c^2)^{-1/2} \tag{1.2}$$

mit c der Lichtgeschwindigkeit und $v=|\vec{v}|$. Für die meisten Überlegungen werden wir die klassische Bewegungsgleichung, also $m=m_o$, verwenden. Tatsächlich gibt es zwischen der klassisch-mechanischen und der relativistischen Teilchenoptik kaum prinzipielle Unterschiede. Die Besonderheiten der relativistischen Optik werden in Abschnitt 2.9 und am Ende von Abschnitt 3.3 zusammengefaßt.

Die betrachteten Teilchen bewegen sich in solchen räumlichen Gebieten, die praktisch frei von anderer Materie sind. Die Grundgleichungen der Felder in diesen Bereichen lauten

$$\operatorname{div} \vec{E} = \rho/\varepsilon_o \, , \qquad \operatorname{rot} \vec{E} = 0 \tag{1.3}$$

mit $\varepsilon_o = 8.85\ 10^{-12} N^{-1} m^{-2} C^2$ für das elektrische Feld $\vec{E}$ und

$$\operatorname{div} \vec{B} = 0 \, , \qquad \operatorname{rot} \vec{B} = \mu_o \vec{j} \tag{1.4}$$

mit $\mu_o = 4\pi\ 10^{-7} mkgC^{-2}$ für das magnetische Feld $\vec{B}$. ρ und $\vec{j}$ sind die mit den Teilchen verknüpfte Ladungsdichte und Stromdichte. Im allgemeinen ist die in einem teilchenoptischen System transportierte

Ladungsmenge ("Raumladung") so gering, daß ihr Einfluß auf die
Felder vernachlässigt werden kann. Dieser Fall wird in den ersten
drei Kapiteln des Buches ausführlich behandelt. Gl.1.3 und 1.4 re-
duzieren sich dann auf

$$\text{div } \vec{E} = 0 \quad , \qquad \text{rot } \vec{E} = 0 \tag{1.5}$$

beziehungsweise

$$\text{div } \vec{B} = 0 \quad , \qquad \text{rot } \vec{B} = 0 \tag{1.6}$$

Es erweist sich als praktisch, das elektrische Feld $\vec{E}$ mit Hilfe des
Potentials ϕ auszudrücken,

$$\vec{E} = -\text{grad } \phi \tag{1.7}$$

Das Potential im freien Raum genügt der Gleichung

$$\Delta\phi = -\rho/\varepsilon_0 \tag{1.8}$$

oder, falls die Dichte der transportierten Ladung vernachlässigt
werden kann,

$$\Delta\phi = 0 \tag{1.9}$$

Sieht man von den letzten beiden Kapiteln ab, dann beruhen die wesentlichen Ergebnisse in diesem Buch, soweit sie auf die Teilchenoptik beschränkt sind, auf den Gleichungen 1.1, 1.5 und 1.6. Im
folgenden besprechen wir kurz, welche Zusammenhänge für die Erzeugung statischer Felder maßgeblich sind. Diese Fragen sind aber später von geringerer Bedeutung.

Man erzeugt statische elektrische Felder im allgemeinen durch das
Anlegen von Spannungen an geeignet geformte Metallelektroden. Bei
vernachlässigbarer Raumladung muß das Potential im freien Raum die
Laplacegleichung, Gl.1.9, erfüllen, die Werte des Potentials auf
den Oberflächen der Metallelektroden sind die vorgegebenen Spannungen. Mathematisch stellt die Vorgabe der Elektroden mit ihren Spannungen die Vorgabe der Randbedingungen dar, denen die Lösung der
Laplacegleichung genügen muß. Diese Zusammenhänge haben zwei erwäh-
nenswerte Konsequenzen. Einmal steht die Feldstärke nach Gl.1.7
senkrecht auf den Flächen konstanten Potentials und damit auch auf
den Elektrodenoberflächen. Zum zweiten ist die Feldstärke streng
proportional zu den angelegten Spannungen. Verdoppeln aller Spannungen bewirkt die Verdopplung der Feldstärke.

Magnetische Felder werden im allgemeinen durch stromführende Leiter
ohne ("Luftspulen") oder mit zusätzlichem Eisenkern erzeugt. Gelegentlich werden supraleitende Materialien verwendet; die Methode
ist so aufwendig, daß wir nicht weiter darauf eingehen. Statt der
stromführenden Leiter kann man Permanentmagneten benutzen. In Gebieten mit magnetisierbarer oder magnetisierter Materie lauten die
Grundgleichungen des Magnetfeldes

$$\text{div } \vec{B} = 0 \quad , \qquad \text{rot } \vec{H} = \vec{j} \quad , \qquad \vec{B} = \mu_0(\vec{H}+\vec{M}) \qquad (1.10)$$

$\vec{j}$ ist die Stromdichte, bei vernachlässigbarer Raumladung die Dichte
des in elektrischen Leitern fließenden Stromes. $\vec{H}$ heißt magnetische
Erregung oder magnetisches Feld $\vec{H}$ und $\vec{M}$ heißt Magnetisierung. $\vec{M}$ ist
im freien Raum Null, in einem Permanentmagneten ist $\vec{M}$ eine gegebene
Funktion des Ortes, und in magnetischen Werkstoffen wie Weicheisen
gilt unter gewissen Bedingungen in grober Näherung

$$\vec{M} = \chi \vec{H} \qquad (1.11)$$

mit $\chi \gg 1$, typisch $\chi=10^4$. Für Luftspulen ($\vec{M}\equiv 0$ im gesamten Raum) ver-
einfachen sich die Zusammenhänge erheblich. Man kann zeigen, daß
das Feld $\vec{B}$ durch eine vergleichsweise einfache Integration über die
felderzeugenden Ströme berechnet werden kann (Biot-Savart'sches Gesetz). Eine wichtige Konsequenz ist, daß für Luftspulen Strom und
Feldstärke streng proportional sind. Verdoppeln des Stromes führt
zur Verdopplung der Feldstärke. Die mit Luftspulen ohne großen Aufwand erreichbaren Feldstärken und die möglichen Feldkonfigurationen
reichen für viele Zwecke nicht aus, und man muß zu einer anderen
Methode greifen. Abb.1.1 zeigt das Prinzip der Anordnung, die meist
verwendet wird, wenn man ein starkes Feld in einem begrenzten Raum-
gebiet benötigt. Das Feld konzentriert sich in dem Spalt zwischen
den mit N und S gekennzeichneten "Polschuhen". Aus Gl.1.10 und 1.11

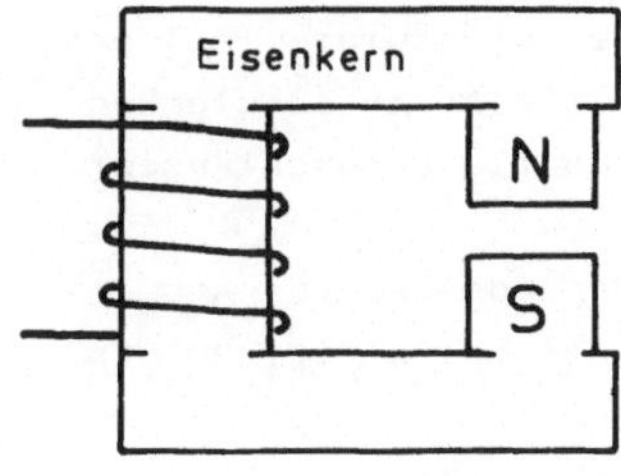

Abb.1.1 Schema eines
Magneten aus Spule und
Eisenkern

liest man ab, daß auch in diesem Fall die Feldstärke $\vec{B}$ proportional zum Strom sein sollte. Gl.1.11 gilt aber nur genähert. Hysterese und bei großer Feldstärke die Sättigung der Magnetisierung des Eisens zerstören die Proportionalität.

Die interessierenden Teilchen bewegen sich im freien Raum, und die dort maßgeblichen Gleichungen gelten exakt, unabhängig von etwaigen Problemen bei der Erzeugung der Felder. Es ist bemerkenswert, daß bei vernachlässigbarer Raumladung elektrische und magnetische Felder dort identischen Gleichungen genügen, Gl.1.5 und 1.6. Zu jedem elektrischen Feld $\vec{E}(\vec{r})$ gibt es demnach ein magnetisches Feld, das auf die gleiche Art mit dem Ort $\vec{r}$ variiert, $\vec{B}(\vec{r})=$const $\vec{E}(\vec{r})$. Die Realisierung kann allerdings schwierig sein. Aus Gl.1.10 leitet man ab, daß bei einem Magnetfeld, das mit Hilfe eines Eisenkerns produziert wird, die Feldlinien nahezu senkrecht zur Eisenoberfläche in den freien Raum treten. Solange die Sättigung noch keine Rolle spielt, ist die Abweichung vom Winkel $\pi/2$ im Polschuhbereich lediglich von der Größenordnung $1/\chi$. Das Magnetfeld verhält sich an der Polschuhoberfläche wie ein elektrisches Feld an der Oberfläche einer Metallelektrode. Man bekommt daher das magnetische Analogon zu einem elektrischen Feld, das durch Metallelektroden auf zwei Potentialen erzeugt wird, indem man aus den Elektroden Polschuhe macht und den beiden Potentialen Nord- und Südpol entsprechen läßt. Das Magnetfeld, das man mit der Anordnung der Abb.1.1 erhält, ist mit dem elektrischen Feld des entsprechenden Parallelplattenkondensators praktisch identisch.

Die bisher skizzierte Behandlung der Bewegung geladener Teilchen kann aus verschiedenen Gründen Ergebnisse liefern, die nicht mit der Wirklichkeit übereinstimmen. Solche Gründe können sein
a) Die Kräfte zwischen den Ionen oder Elektronen, mit denen man arbeiten möchte (Raumladung). Das Thema wird in Kap.4 aufgegriffen.
b) Inhomogene statische Felder üben über die Lorentzkraft in Gl.1.1 hinaus unter Umständen noch weitere Kräfte auf atomare Teilchen aus. Solche Kräfte werden benutzt, um neutrale Atome abzulenken (Kap.5). Für geladene Teilchen können sie häufig vernachlässigt werden.
c) Kräfte zwischen den untersuchten Teilchen und anderen Atomen oder Molekülen. Ein Vakuum besser als 10^{-8}bar ist nötig, um den Einfluß von Stößen auszuschalten.
d) Kräfte, die man gern vergißt: Schwerkraft, Erdmagnetfeld.

e) Schmutzeffekte, z.B. findet man Metallelektroden häufig nach einiger Betriebszeit mit einer nichtleitenden Schicht bedeckt. Dort sammeln sich im Betrieb Ladungsträger, bis das tatsächliche Feld keine Ähnlichkeit mehr mit dem gewünschten Feld hat.

f) Prinzipiell wichtig ist die Möglichkeit der Beugung. Sie kann bei geringen Lineardimensionen eine Rolle spielen. Ihre Vernachlässigung entspricht der Beschränkung auf die geometrische Optik in der Lichtoptik. Wir werden Beugungseffekte nur kurz im Zusammenhang mit dem Elektronenmikroskop betrachten.

<u>Einheiten und Größenordnungen</u>: Wir verwenden SI-Einheiten wie 1A, $1J=1Ws=1m^2kgs^{-2}$ (Energie), $1V=1W/A$ (Potential). Die SI-Einheit für die Magnetfeldstärke ist $1T=1kgs^{-2}A^{-1}$. Statische Felder bis etwa 2T können mit Spulen mit Eisenkern ganz gut erzeugt werden. Das Erdmagnetfeld hat etwa $4\cdot10^{-5}T$. Statt der Einheit $1C=1As$ verwendet man für Ladungen oft die Elementarladung e als Einheit,

$$e = 1.60\ 10^{-19}C \tag{1.12}$$

Dem entspricht als Energieeinheit

$$1eV = e\cdot1V = 1.60\ 10^{-19}J \tag{1.13}$$

Wegen des Energieerhaltungssatzes

$$E_{kin} + q\phi = const \tag{1.14}$$

ist 1eV die kinetische Energie, die ein Teilchen mit einer Elementarladung, $q=\pm e$, beim Durchlaufen einer Potentialdifferenz von 1V gewinnt oder verliert. Geladene Teilchen mit einer Elementarladung und mit Energien zwischen 10^{-2} und 10^6eV kann man mit normalen Labortechniken recht gut kontrollieren, darüber und darunter wird es schwieriger. Relativistisch rechnen muß man für Elektronen ab etwa 20keV, für Ionen ab etwa 40MeV.

1.2 Ähnlichkeitsgesetze

Viele Fragen von praktischem Interesse lassen sich ohne detaillierte Kenntnis einer teilchenoptischen Anordnung beantworten. Zum Beispiel: Gegeben ist ein elektrisches Feld $\vec{E}(\vec{r})$. Es wird einmal von einem Proton, einmal von einem Deuteriumkern durchlaufen, also von Teilchen, die jeweils eine positive Elementarladung tragen, deren Massen sich aber um den Faktor zwei unterscheiden. Kann man die Bahnen irgendwie vergleichen? Die Antwort ist: Ja, im Gültigkeitsbereich der klassischen Mechanik und bei geeigneter Wahl der Anfangsbedingungen laufen die Teilchen auf identischen Bahnen.

a) Änderung von Masse und Ladung

$$m \rightarrow m' \ , \quad q \rightarrow q' \qquad \text{mit } \operatorname{sgn} q = \operatorname{sgn} q' \tag{1.15}$$

Ist $m/q=m'/q'$, dann ändert sich die Bewegungsgleichung beim Übergang von den ungestrichenen Größen zu den gestrichenen nicht. Man bekommt gleiche Bahnen, wenn die Anfangsbedingungen, das heißt Anfangsort und Anfangsgeschwindigkeit, übereinstimmen. Ist diese Bedingung nicht erfüllt, dann gibt es einfache Aussagen nur im Gültigkeitsbereich der klassischen Mechanik, und nur für reine elektrische und für reine magnetische Felder.

Elektrisches Feld: Es sind die Bewegungsgleichungen

$$m \, d^2\vec{r}/dt^2 = q\vec{E} \tag{1.16}$$

und

$$m' d^2\vec{r}'/dt^2 = q'\vec{E} \tag{1.17}$$

zu vergleichen. Die Transformation

$$t' = \sqrt{\frac{q'/m'}{q/m}} \ t \tag{1.18}$$

der unabhängigen Variablen in der zweiten Differentialgleichung bringt sie in die Form der ersten,

$$m \, d^2\vec{r}'/dt'^2 = q\vec{E} \tag{1.19}$$

Wenn $\vec{r}=\vec{a}(t)$ eine Lösung im Fall q, m ist, dann ist daher $\vec{r}'=\vec{a}(t')$ eine Lösung, das heißt eine mögliche Bewegung, im Fall q', m'. Die beiden Lösungen beschreiben identische Bahnkurven, die allerdings mit unterschiedlichen Geschwindigkeiten durchlaufen werden.

$$d\vec{r}/dt = \dot{\vec{a}} \tag{1.20}$$

$$d\vec{r}'/dt = \dot{\vec{a}} \ \cdot \ \sqrt{\frac{q'/m'}{q/m}} \tag{1.21}$$

Der Punkt soll die Ableitung nach dem Argument bezeichnen. Bewegungsgleichungen haben immer viele verschiedene Lösungen. Damit wirklich dieselben Bahnen durchlaufen werden, müssen die Anfangsbedingungen einander entsprechen. Offensichtlich muß der Anfangsort derselbe sein, ebenso die Richtung der Anfangsgeschwindigkeit. Nach

Gl.1.20 und 1.21 müssen sich die Beträge der Anfangsgeschwindigkei-
ten um den Faktor $\sqrt{(q'/m')/(q/m)}$ unterscheiden. Dies läßt sich
leicht in die folgende Bedingung für die kinetischen Energien um-
schreiben ($E_{kin}=mv^2/2$, $v=|d\vec{r}/dt|$):

$$E_{kin}/q = E'_{kin}/q' \qquad (1.22)$$

Magnetisches Feld: Die Bewegungsgleichung für Teilchen mit q und m
lautet

$$m\ d^2\vec{r}/dt^2 = q\ d\vec{r}/dt\times\vec{B} \qquad (1.23)$$

Die formale Behandlung ist ganz ähnlich wie vorher. Die Transformation der unabhängigen Variablen lautet jetzt aber

$$t' = \frac{q'/m'}{q/m}\ t \qquad (1.24)$$

Man findet, daß sich gleiche Bahnen ergeben, wenn Anfangsort und
Anfangsrichtung übereinstimmen, und wenn außerdem gilt (p=mv, Impuls):

$$p/q = p'/q' \qquad (1.25)$$

Zusammengefaßt: Bei einer Änderung von Masse und Ladung erhält man
gleiche Bahnen, wenn Anfangsort und Anfangsrichtung übereinstimmen
und außerdem:
im elektrischen Feld die Energie pro Ladung, E_{kin}/q
im magnetischen Feld der Impuls pro Ladung, p/q.

b) Lineare Vergrößerung der Feldstärke
Wir betrachten die Transformationen

$$\vec{E}'(\vec{r}) = \alpha\vec{E}(\vec{r})$$
$$\vec{B}'(\vec{r}) = \alpha\vec{B}(\vec{r}) \qquad (1.26)$$

Die formale Behandlung ist wieder ganz ähnlich wie oben. Man erhält
ungeänderte Bahnen im geänderten Feld, wenn Anfangsort und Anfangsrichtung ungeändert bleiben und wenn außerdem
im elektrischen Feld die Energie
im magnetischen Feld der Impuls
die α-fachen Anfangswerte haben.

c) Einer geometrischen Vergrößerung oder Verkleinerung um den Faktor α entsprechen die Transformationen

$$\vec{E}'(\vec{r}) = \alpha\vec{E}(\alpha\vec{r})$$

$$\vec{B}'(\vec{r}) = \alpha\vec{B}(\alpha\vec{r}) \tag{1.27}$$

Die formale Behandlung ist wieder ähnlich wie bisher. Man erhält im Maßstab α vergrößerte oder verkleinerte Bahnen, wenn die Anfangsorte und Anfangsrichtungen einander entsprechen, und wenn außerdem die Anfangsenergie die gleiche ist (Das ist hier mit der Forderung nach gleichem Anfangsimpuls identisch).

d) Umkehr von Ladungsvorzeichen, Bewegungsrichtung, Feldrichtung:
Bahnen im elektrischen Feld können grundsätzlich bei ungeänderter Masse und Ladung in beiden Richtungen durchlaufen werden. Eine Änderung des Ladungsvorzeichens ergibt ungeänderte Bahnen nur, wenn man gleichzeitig die Feldrichtung umdreht. Für Magnetfelder gilt, daß jede Kombination von zwei der folgenden drei Transformationen ungeänderte Bahnen erlaubt: $q'=-q$, $\vec{B}'=-\vec{B}$, $t'=-t$ (Umkehr der Bewegungsrichtung).

Anwendungen
Nach (a) sortiert ein elektrisches Feld aus einem beliebigen Gemisch von einfach postiv geladenen Teilchen ($q=+e$) die Teilchen gleicher Energie heraus, das heißt, es läßt die Teilchen gleicher Energie auf ein und derselben Bahn laufen, Teilchen anderer Energie laufen auf anderen Bahnen und können durch geeignete mechanische Hindernisse entfernt werden. Man kann diese Eigenschaft benutzen, um ein Energiespektrometer zu bauen, siehe Kap.3. Ein magnetisches Feld sortiert in demselben Sinne nach Impulsen.

Die Ähnlichkeitsgesetze unter (b) und (c) sind deswegen wichtig, weil man die entsprechenden Änderungen mit elektrischen und magnetischen Feldern leicht vornehmen kann. Ein elektrisches Feld wird durch das Anlegen von Spannungen an metallische Elektroden erzeugt. Erhöht man die Spannungen, dann erhöht sich die Feldstärke um den gleichen Faktor, $\vec{E}\to\alpha\vec{E}$ wie in Gl.1.26. Eine maßstäbliche Vergrößerung der Elektroden bei ungeänderten Spannungen führt zu der Transformation $\vec{E}(\vec{r})\to\alpha\vec{E}(\alpha\vec{r})$. Die Vergrößerung eines Stromes I, der ein Magnetfeld $\vec{B}$ erzeugt, um den Faktor α führt zu einer Vergrößerung der Feldstärke um den Faktor α. Dies gilt exakt allerdings nur für Luftspulen. Bei Anordnungen mit Eisenkern gilt die Aussage, wie besprochen, nur, solange Hysterese und Sättigung keine Rolle spielen. Der Übergang $\vec{B}(\vec{r})\to\alpha\vec{B}(\alpha\vec{r})$ entspricht der linearen Vergrößerung bei

ungeändertem Strom. Die unter (d) gesammelten Aussagen haben zum
Beispiel die Konsequenz, daß die Eigenschaften elektrostatischer
Linsen unabhängig von der Richtung sind, in der die Linsen durch-
laufen werden. Für magnetische Linsen gilt das nicht ohne weiteres.

Zwei konkrete Anwendungsbeispiele sollen anhand des Elektronenspek-
trometers, Abb.1.2, gegeben werden. Das Gerät hat die Aufgabe, von
den Elektronen, die bei "P" entstehen, nur solche mit einer bestimmten kinetischen Energie zum Detektor kommen zu lassen. Die punktierte Fläche zeigt den Bereich der möglichen Elektronenbahnen. Das
Gerät arbeitet nur mit elektrischen Feldern. Sie werden durch Spannungen an einigen der Elektroden erzeugt. Die Details der Funktionsweise sind im Augenblick unerheblich. Angenommen, das Gerät
arbeitet für Elektronen mit einer bestimmten kinetischen Energie
E_{kin}. Nach dem Ähnlichkeitsgesetz (b) ist die Umstellung auf Elektronen einer anderen Energie, αE_{kin}, sehr einfach. Man hat alle

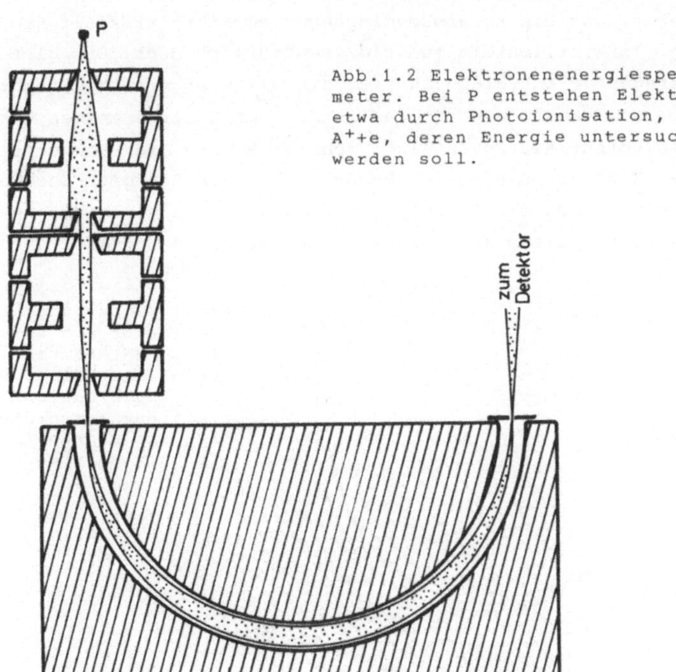

Abb.1.2 Elektronenenergiespektro-
meter. Bei P entstehen Elektronen,
etwa durch Photoionisation, $h\nu + A \rightarrow A^+ + e$, deren Energie untersucht
werden soll.

16

anliegenden Spannungen um den Faktor α zu erhöhen. Das geht besonders einfach, wenn man die benötigten Spannungswerte über Span-
nungsteiler von einer einzigen Versorgungsspannung bezieht. Man hat
lediglich die Versorgungsspannung um den Faktor α zu erhöhen.

Als Anwendung des Ähnlichkeitsgesetzes (c) kann man das Problem der
Energieunschärfe desselben Gerätes nehmen. Da der eigentliche Energieanalysator (Abb.1.3) Ein- und Austrittsspalte einer bestimmten
Breite hat, werden Elektronen in einem bestimmten Energiebereich
durchgelassen, nicht nur Elektronen mit einem einzigen, festen
Wert der Energie. Abb.1.3 zeigt drei Bahnen, die alle denselben Anfangsort und dieselbe Anfangsrichtung am Eintrittsspalt haben. Aufgrund unterschiedlicher kinetischer Energien laufen die Bahnen aber
auseinander; in der Zeichnung ist dies übertrieben dargestellt. Die
äußeren Bahnen mit Energien E_1 und E_2 landen gerade an den Rändern
des Austrittsspaltes. Elektronen mit Energien zwischen E_1 und E_2
kommen offensichtlich durch den Analysator, Elektronen mit größerer
oder kleinerer Energie treffen auf die Spaltbacken. (Dabei ist vorausgesetzt, daß die Anfangsbedingungen am Eintrittsspalt nicht variieren. In Wirklichkeit tun sie es natürlich doch. Das gibt weitere Beiträge zur Energieunschärfe, die wir hier nicht betrachten
wollen.) Wir vergrößern nun das Gerät samt Spalten um den Faktor α,
ohne die Potentiale zu ändern. Nach (c) ändern die Bahnen sich im
gleichen Maßstab, die zu den Bahnen gehörigen Energien ändern sich
nicht. Die Bahnen mit E_1 und E_2 kommen nach wie vor an den Rändern
des Austrittsspaltes an. Das heißt, der vergrößerte Analysator läßt

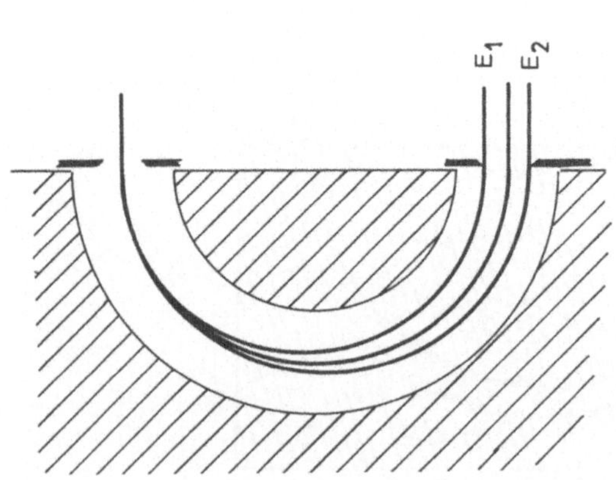

Abb.1.3. Der eigentliche
Analysator mit Bahnen,
die zu unterschiedlichen
Energien gehören. Bei
einer Vergrößerung der
Elektroden vergrößern
sich die Bahnen im
gleichen Maßstab.

Elektronen im selben Energiebereich durch wie der ursprüngliche.
Offenbar hängt die Energieunschärfe des Gerätes nur von dem Verhältnis zwischen der Spaltgröße und einer typischen Apparaturdimen-
sion, etwa dem Bahnradius, ab, aber nicht von der Spaltgröße allein.

Im Bereich der relativistischen Mechanik gelten die Ähnlichkeitsgesetze (a) und (b) nicht. Lediglich bei einer Änderung von Masse und
Ladung derart, daß $q/m=q'/m'$ bekommt man auch relativistisch ungeänderte Bahnen. Die Ähnlichkeitsgesetze (c) und (d) bleiben gültig.

2 Linsen und Linsenkombinationen

2.1 Bahnen im rotationssymmetrischen elektrischen Feld

Ein elektrisches Feld ist rotationssymmetrisch um die z-Achse, wenn
das Potential $\phi(x,y,z)$ nur von z und vom Abstand $r=\sqrt{x^2+y^2}$ von der
z-Achse abhängt. Ein solches Feld läßt sich durch beliebige Anordnungen von rotationssymmetrischen Elektroden erzeugen. Die z-Achse
wird als "optische Achse" bezeichnet. Wir setzen voraus, daß sich
auf der Achse selbst keine Materie (Elektroden) befindet. Wir werden sehen, daß ein solches Feld immer Abbildungseigenschaften hat.

Das Potential eines solchen Feldes läßt sich in eine Potenzreihe in
x und y entwickeln. Sie muß die folgende Form haben:

$$\phi(x,y,z) = a_1(z) + a_2(z)\cdot(x^2+y^2) + O((x^2+y^2)^2) \tag{2.1}$$

Andere denkbare Terme, z.B. solche mit x oder mit x^2-y^2 zerstören
die Rotationssymmetrie des Ausdrucks. Berechnet man nach Gl.1.7 die
Feldstärke, dann findet man, daß $\vec{E}$ Komponenten in radialer Richtung
und in z-Richtung haben kann, aber keine Azimutalkomponente. Vor
allem aber findet man, daß die Feldstärke in der Nähe der Achse linear mit dem Abstand von der Achse anwächst, zum Beispiel

$$E_x = -d\phi/dx = -2a_2(z)\cdot x + \ldots\ldots \tag{2.2}$$

Setzt man Gl.2.1 in die Laplacegleichung, Gl.1.9, ein, dann erhält
man weitere Bedingungen für die Koeffizienten a(z).(Beachte beim
Nachrechnen die höheren Entwicklungsterme!). Mit der Abkürzung

$$\phi(z) = \phi(x=0,y=0,\ z) \tag{2.3}$$

schreibt sich der endgültige Ausdruck für das Potential wie folgt:

$$\phi(x,y,z) = \phi(z) - \phi''(z)/4 \cdot (x^2+y^2) + \ldots\ldots \qquad (2.4)$$

Die Funktion $\phi(z)$ beschreibt das Potential auf der optischen Achse, und ϕ'' steht als Abkürzung für $d^2\phi/dz^2$. Man sieht, daß die Kenntnis des Potentials auf der Achse genügt, um das Potential auch in der Nähe der Achse berechnen zu können.

Setzt man die durch Gl.2.4 und 1.7 gegebene Feldstärke in die Newtonsche Bewegungsgleichung, Gl.1.1, ein, dann ergibt sich

$$m\, d^2x/dt^2 = q/2\ \phi''(z)\ \cdot x\ + \ldots\ldots$$

$$m\, d^2y/dt^2 = q/2\ \phi''(z)\ \cdot y\ + \ldots\ldots \qquad (2.5)$$

$$m\, d^2z/dt^2 = -q\phi'(z)\ \qquad + \ldots\ldots$$

Das ist die Bewegungsgleichung in cartesischen Koordinaten. Man ist wegen der Rotationssymmetrie natürlich versucht, die Gleichungen auf Polarkoordinaten umzuschreiben; das stellt sich aber bald als wenig praktisch heraus. Die dritte Gleichung läßt sich nach Multiplikation mit dz/dt direkt integrieren und ergibt den (genäherten) Energieerhaltungssatz

$$m/2\ (dz/dt)^2 = -q\phi + E\ + \ldots\ldots \qquad (2.6)$$

Die Integrationskonstante E ist die Gesamtenergie. Wir vernachlässigen nun die durch Punkte angedeuteten Terme endgültig. Das sind in Gl.2.5 Terme zweiter und höherer Ordnung in x und y. Vergleicht man Gl.2.6 mit dem korrekten Energiesatz, in dem z.B. auch der Term $m/2\ \dot{x}^2$ vorkommt ($\dot{} = d/dt$), dann sieht man, daß bei dieser Vernachlässigung auch Terme zweiter Ordnung in $\dot{x}$ und $\dot{y}$ verloren gehen. In unserer Näherung ist die kinetische Energie durch die linke Seite in Gl.2.6 vollständig gegeben.

Um die uninteressante Zeitabhängigkeit aus den Bewegungsgleichungen zu entfernen und Differentialgleichungen nur für die Bahnkurven x(z) und y(z) zu erhalten, führt man z als neue unabhängige Variable in die ersten beiden Gleichungen in Gl.2.5 ein. Dabei gilt wegen Gl.2.6

$$\frac{d}{dt} = \frac{dz}{dt}\frac{d}{dz} = \sqrt{\frac{2}{m}(E-q\phi)}\ \frac{d}{dz} \qquad (2.7)$$

Man bekommt für die Bahnkurve x(z) die folgende Gleichung:

$$2\sqrt{E-q\phi}\ \frac{d}{dz}\sqrt{E-q\phi}\ \frac{dx}{dz}\ -\ \frac{q}{2}\ \phi''(z)\cdot x = 0 \tag{2.8}$$

und nach Ausführen der Differentiationen

$$\frac{d^2x}{dz^2} - \frac{q\phi'}{2(E-q\phi)}\ \frac{dx}{dz} - \frac{q\phi''}{4(E-q\phi)}\ x = 0 \tag{2.9}$$

Für $y(z)$ gelten natürlich dieselben Gleichungen.

Der Gang der Rechnung von Gl.2.1 bis 2.8 ist typisch für viele Rechnungen in der Optik. Die Rotationssymmetrie der Anordnung bewirkt, daß keine Terme nullter Ordnung (x^0) in den Bahngleichungen vorkommen können. Terme höherer als erster Ordnung (x^2, x^3, $\dot{x}^2$,...) werden vernachlässigt. Man erzwingt so eine lineare Gleichung für die Bahnkurve $x(z)$. Im folgenden Abschnitt wird gezeigt, daß diese Linearität hinreicht, um dieselben Abbildungsgesetze zu bekommen, die aus der Lichtoptik geläufig sind. Die Ergebnisse sind nur auf Bahnen mit kleinen Werten von x und $dx/dz=\dot{x}/\dot{z}$ anwendbar. Die Abweichungen, die für zu weit von der Achse entfernte oder zu steile Bahnen auftreten, nennt man Abbildungsfehler, s. Abschnitt 2.7.

2.2 Die Abbildungsgesetze

Wir setzen eine beliebige lineare Differentialgleichung für die Bahnkurve $x(z)$ voraus ($'=d/dz$),

$$x'' + p(z)x' + r(z)x = 0 \tag{2.10}$$

Wir nehmen an, daß das ablenkende Feld auf einen gewissen Raumbereich beschränkt ist. Rechts und links dieses Bereiches sind die Bahnkurven $x(z)$ gerade Linien, $p(z)$ und $r(z)$ sind dort Null.

Alle Lösungen von Gl.2.10 lassen sich als Linearkombinationen zweier linear unabhängiger Lösungen schreiben. Zwei ausgezeichnete linear unabhängige Lösungen lassen sich wie folgt konstruieren (siehe Abb.2.1). $x_1(z)$ soll den Anfangsbedingungen

$$x_1(1) = a, \qquad x_1'(1) = 0 \tag{2.11}$$

genügen. 1 ist ein Wert der Koordinate z im linken feldfreien Gebiet, a ist beliebig. $x_1(z)$ stellt im linken feldfreien Gebiet eine Bahn parallel zur optischen Achse - einen "Parallelstrahl" - dar. Die Bahn $x_1(z)$ im rechten feldfreien Gebiet ist ebenfalls eine Gerade. Diese Gerade oder ihre rückwärtige Verlängerung schneidet im allgemeinen irgendwo die optische Achse. Der Schnittpunkt heißt der rechtsseitige Brennpunkt, F_r. Seine z-Koordinate nennen wir z_{Fr}. Die Details der Bahn im Feldbereich sind nicht wichtig. Man kann die geraden Teile der Bahn $x_1(z)$ konstruieren, wenn man außer z_{Fr} noch die Koordinate z_{Hr} (rechtsseitige Hauptebene) kennt, an der sich die verlängerten geraden Teile der Bahn schneiden. Die zweite linear unabhängige Lösung wird durch die Anfangsbedingungen

$$x_2(r) = a, \qquad x_2'(r) = 0 \tag{2.12}$$

festgelegt; r liegt im rechten feldfreien Gebiet. $x_2(z)$ definiert den linksseitigen Brennpunkt und die linksseitige Hauptebene. Den Abstand zwischen Brennpunkt und zugehöriger Hauptebene nennt man Brennweite, abgekürzt f,

$$f_1 = z_{H1} - z_{F1} \, , \qquad f_r = z_{Fr} - z_{Hr} \tag{2.13}$$

Die Begriffe Brennpunkt, Brennweite und Hauptebene faßt man auch mit dem Wort "Kardinalelemente" zusammen. Links- und rechtsseitige Brennweite sind nicht notwendig einander gleich. Die folgende nützliche Beziehung läßt sich leicht aus Der Abb.2.1 ablesen:

$$f_1 = a/x_2'(1) \, , \qquad f_r = -a/x_1'(r) \tag{2.14}$$

Ist die Steigung der Bahn $x_1(z)$ im rechten feldfreien Gebiet positiv, statt negativ wie in Abb.2.1, dann ergibt Gl.2.14 eine negative Brennweite f_r. Das ist sinnvoll. Der Brennpunkt ist in diesem Fall der Schnittpunkt zwischen der rückwärtigen Verlängerung der geraden Bahn und der optischen Achse. Gegenüber der Situation in der Abbildung ist die Reihenfolge von rechtsseitigem Brennpunkt und Hauptebene vertauscht. Gl.2.13 liefert daher ebenfalls $f_r < 0$. Je nach Vorzeichen von f spricht man von Sammel- oder Zerstreuungslinsen. Es kann auch vorkommen, daß das abbildende System - die Linse - aus einem Parallelstrahl links einen Parallelstrahl rechts macht. Dem entspricht eine unendliche Brennweite. Solche Systeme haben im allgemeinen ebenfalls sinnvolle Abbildungseigenschaften. Eine Behandlung mit Hilfe der Begriffe Brennpunkt und Hauptebene ist allerdings mühevoll. Man benutzt einfacher den Formalismus der Transfermatrizen, siehe Abschnitt 2.10.

Bahnen zu beliebigen Anfangsbedingungen lassen sich durch Linearkombination aus aus x_1 und x_2 konstruieren. Wir wollen Bahnen be-

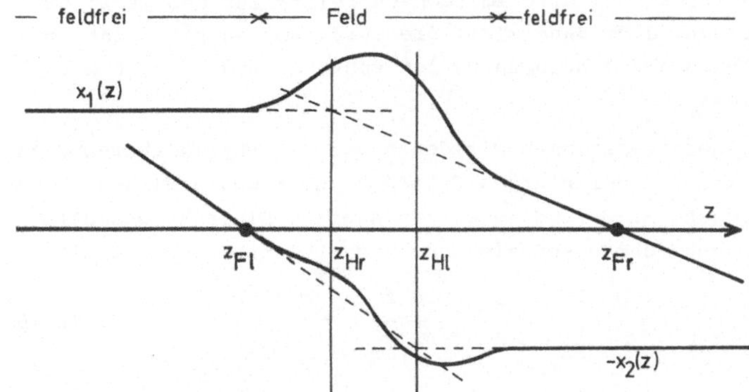

Abb. 2.1. Ausgezeichnete Bahnen $x_1(z)$ und $-x_2(z)$

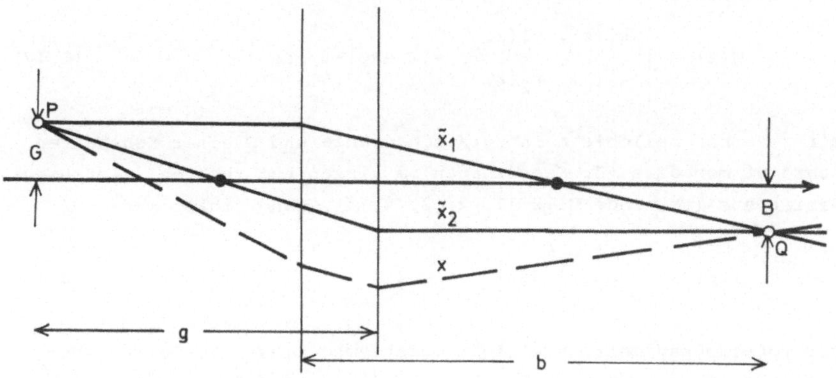

Abb.2.2. Konstruktion einer Bahn mit beliebigen Anfangsbedingungen als Linearkombination von x_1 und x_2

trachten, die durch den Punkt P in Abb.2.2 laufen. Es seien $\tilde{x}_1(z)$ und $\tilde{x}_2(z)$ diejenigen Vielfachen von $x_1(z)$ und $x_2(z)$, die durch P gehen. Dann geht auch jede Linearkombination

$$x(z) = \alpha\tilde{x}_1(z) + \beta\tilde{x}_2(z) \tag{2.15}$$

mit $\alpha+\beta=1$ durch P. $x(z)$ ist als Linearkombination von Lösungen von Gl.2.10 selbst Lösung, das heißt eine mögliche Bahn. Die Steigung von $x(z)$ bei P hängt von den Werten von α und β ab. Durch geeignete Wahl kann man jede Steigung erreichen. In Abb.2.2 ist angenommen, daß die Bahnen $\tilde{x}_1$ und $\tilde{x}_2$ sich im rechten feldfreien Gebiet in einem Punkt Q schneiden. Jede Bahn x(z), die durch den Punkt P geht, geht wegen Gl.2.15 und $\alpha+\beta=1$ auch durch den Punkt Q. Man sagt, P wird auf Q abgebildet.

Die Abbildungsgesetze stimmen mit denen der Lichtoptik überein. Man nennt die in Abb.2.2 definierten Größen B, G, b und g Bild- und Gegenstandsgröße und Bild- und Gegenstandsweite. Einfache geometrische Überlegungen führen auf die bekannten Relationen der Optik,

$$\frac{f_1}{g} + \frac{f_r}{b} = 1 \; , \qquad \frac{B}{G} = \frac{b}{g}\frac{f_1}{f_r} \tag{2.16}$$

Untersucht man die Wronskideterminante W der Lösungen x_1 und x_2, dann erhält man eine einfache Aussage über das Verhältnis von rechts- und linksseitiger Brennweite. Nach einem allgemeinen Satz über lineare Differentialgleichungen gilt

$$W(z) = \begin{vmatrix} x_1(z), & x_1'(z) \\ x_2(z), & x_2'(z) \end{vmatrix} = C \exp\left[-\int_{z_0}^{z} p\,dz\right] \tag{2.17}$$

mit z_0 einer beliebigen Integrationsgrenze und C einer Konstanten. Schreibt man dies für Koordinaten im linken und rechten feldfreien Gebiet aus (verwende Gl.2.11, 2.12, 2.14), dann erhält man

$$f_1/f_r = \exp\left[-\int_{1}^{r} p\,dz\right] \tag{2.18}$$

Für rotationssymmetrische elektrostatische Linsen im Geltungsbereich der klassischen Mechanik ist p(z) in Gl.2.9 angegeben. Die Integration läßt sich leicht durchführen, und man findet

$$f_1/f_r = \sqrt{E-q\phi(1)} \; / \sqrt{E-q\phi(r)} \tag{2.19}$$

das heißt, die Brennweiten rechts und links verhalten sich wie die Teilchengeschwindigkeiten rechts und links (Nach Gl.2.6 sind ja die Wurzeln proportional zu $\dot{z}(r)$ und $\dot{z}(l)$). Sind die Potentiale in den feldfreien Gebieten rechts und links gleich, dann ist $f_r=f_1$. Bei Linsen mit $f_r\neq f_1$ spricht man von Immersionslinsen.

Bahnen, die nicht in einer Ebene mit der optischen Achse verlaufen, bezeichnet man als windschief. Nach Gl.2.5 gehorchen bei rotationssymmetrischen elektrischen Linsen die Projektionen x(z) und y(z) in

die xz- und die yz-Ebene derselben Bewegungsgleichung. Windschiefe
Bahnen können aus ihren Projektionen konstruiert werden, denn die
besprochenen Konstruktionen gelten für beide Projektionen. Diese
Aussage, die im allgemeinen auch in der Lichtoptik gültig ist,
heißt der "Satz von Lippich".

Da die grundlegenden Gesetze der geometrischen Lichtoptik auch in
der Teilchenoptik gelten, kann man viele der Standardkonstruktionen
("Strahlengänge") übernehmen. Die oft gemachte Annahme, daß die
beiden Hauptebenen zusammenfallen ("dünne Linse"), hat häufig auch
in der Teilchenoptik ihre Berechtigung.

2.3 Rotationssymmetrische elektrische Linsen

Die Brennweiten und die Lagen der Brennpunkte und Hauptebenen
("Kardinalelemente") einer elektrostatischen Linse hängen von der
Elektrodenanordnung, den Spannungen an den Elektroden und wegen der
Energieabhängigkeit der Koeffizienten in Gl.2.9 auch von der Teilchenenergie ab. Will man aus diesen Daten die Kardinalelemente berechnen, dann muß man
a) $\phi(z)$, das Potential auf der Achse, berechnen. Das erfordert die -
i.a. numerische - Lösung der Laplacegleichung,
b) die linearisierte Bahngleichung lösen, i.a. ebenfalls numerisch.
Werden diese Schritte korrekt durchgeführt, dann bekommt man exakte
Ergebnisse für die Kardinalelemente, die ja überhaupt nur im Zusammenhang mit der linearisierten Version der Bahngleichung definiert
sind.

Als Alternative bietet sich die experimentelle Bestimmung von Linsendaten an. Das ist für eine ganze Reihe von Linsentypen durchgeführt worden. Für die meisten Anwendungszwecke kann man in der Literatur eine passende Linse finden, siehe das Literaturverzeichnis
am Schluß des Buches. Eine wichtige Rolle bei der Suche nach einer
passenden Linse spielen die Ähnlichkeitsgesetze. So kann man zum
Beispiel Linsendaten, die mit 1keV-Elektronen gemessen worden sind,
ohne weiteres auf 10eV-Elektronen oder auf Ionen übertragen, man
muß höchstens die Linsenspannungen ändern. Wichtig ist weiter, daß
die Brennweite mit der Linsenspannung variiert werden kann. Oft ist
es gar nicht nötig, die Daten einer Linse genau zu kennen. Die Linse wird im Betrieb auf die erforderliche Brennweite nachgestellt.

Eine nützliche Näherung, die weitergehende qualitative Aussagen erlaubt, wird durch den Begriff "schwache Linse" umschrieben. Eine
Linse heißt schwach, wenn sich die Bahnen beim Durchlaufen des ablenkenden Feldes nur wenig von einer völlig geradlinigen Bahn entfernen. Das gilt sicher im Grenzfall sehr schwacher Felder. Für die
meisten wirklich verwendeten Linsen ist die Näherung der schwachen
Linse für quantitative Aussagen zu grob. Die qualitativen Schlußfolgerungen bleiben aber anwendbar. Dividiert man Gl.2.8 durch
$\sqrt{E-q\phi}$ und integriert, dann bekommt man zum Beispiel für $x_1(z)$

$$x_1'(r) = \frac{q}{4} \; \frac{1}{\sqrt{E-q\phi(r)}} \int_1^r \frac{\phi''x_1(z)\,dz}{\sqrt{E-q\phi(z)}} \qquad (2.20)$$

Die Integration geht über den gesamten Feldbereich, außerhalb des
Feldes ist der Integrand Null. Setzt man im Integral $x_1(z)=a=$const,
was für eine schwache Linse erlaubt ist, und verwendet Gl.2.14,
dann findet man

$$\frac{1}{f_r} = -\frac{q}{4} \; \frac{1}{\sqrt{E-q\phi(r)}} \int_1^r \frac{\phi''(z)\,dz}{\sqrt{E-q\phi(z)}} \qquad (2.21)$$

Die Formel läßt sich recht einfach verstehen: $\phi''(z)$ ist die Kraftkonstante in der Bewegungsgleichung, Gl.2.5', der Gewichtsfaktor im
Nenner des Integrals ist proportional zur Geschwindigkeit $\dot{z}$. Man
beachte, daß das Integral verschwinden würde, wenn der Nenner konstant wäre. Die betrachteten Linsen haben eine von Unendlich verschiedene Brennweite nur, weil die Geschwindigkeit $\dot{z}$ beim Durchgang
durch die Linse variiert.

Der Ausdruck in Gl.2.21 läßt sich durch partielle Integration weiter umformen zu

$$\frac{1}{f_r} = \frac{q^2}{8} \; \frac{1}{\sqrt{E-q\phi(r)}} \int_1^r \frac{\phi'^2\,dz}{(E-q\phi)^{3/2}} \qquad (2.22)$$

Da rechts nur positive Größen stehen, ist die Brennweite in dieser
Näherung stets positiv. Schwache rotationssymmetrische elektrische
Linsen sind immer Sammellinsen.

Konkrete Einzelbeispiele

a) Immersionslinse aus zwei Rohren

Die Anordnung besteht aus zwei Rohren mit gleichem Durchmesser und mit (im einfachsten Fall) vernachlässigbarem Abstand, Abb.2.3a. Die Rohre liegen auf unterschiedlichen Potentialen, Abb.2.3b. Auf der Achse stellt sich ein stetiger Potentialverlauf ein, etwa wie in Abb.2.3c. Die Kraftkonstante $q\phi''/2$ in der Bewegungsgleichung, Gl. 2.5, verläuft demnach wie in Abb.2.3d. Die Kraft zeigt erst zur Achse hin, dann von ihr weg. Die Bahnen sind erst zur Achse hin gebogen und dann von ihr weg, Abb.2.3e. Insgesamt bleibt aber eine Ablenkung übrig, denn wegen des Gewichtsfaktors im Nenner der Integranden in Gl.2.20 oder 2.21 tragen die Gebiete, die mit kleiner Geschwindigkeit durchlaufen werden (hier das linke Gebiet) stärker zur Gesamtablenkung bei als Gebiete, in denen die Geschwindigkeit groß ist.

Aus den Ähnlichkeitsgesetzen folgt, daß die Werte der Kardinalelemente proportional zum Rohrradius sind. Weiter hängen sie von den Energien und Potentialen ab. Aus Abb.2.3b erkennt man, daß die An-

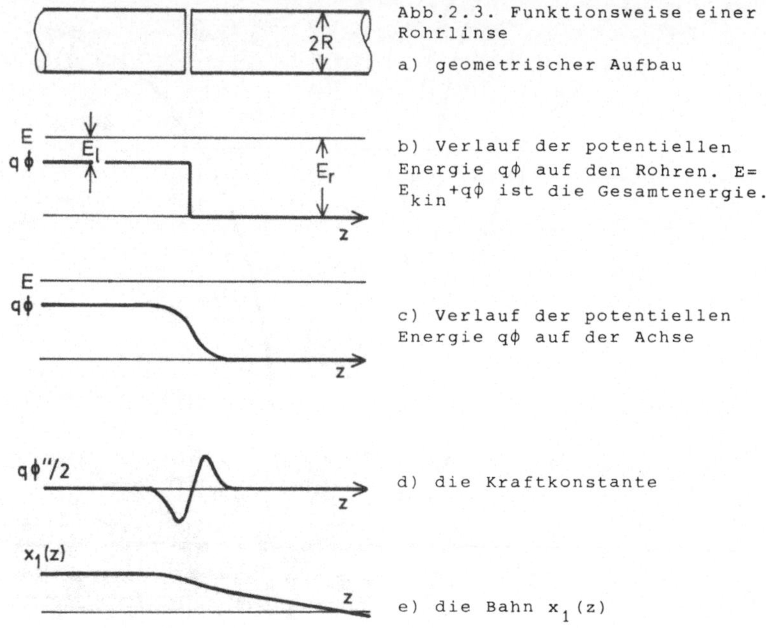

Abb.2.3. Funktionsweise einer Rohrlinse

a) geometrischer Aufbau

b) Verlauf der potentiellen Energie $q\phi$ auf den Rohren. $E = E_{kin} + q\phi$ ist die Gesamtenergie.

c) Verlauf der potentiellen Energie $q\phi$ auf der Achse

d) die Kraftkonstante

e) die Bahn $x_1(z)$

gabe der kinetischen Energien in den feldfreien Gebieten rechts und
links, $E_r = E - q\phi(r)$ und $E_1 = E - q\phi(1)$ die Verhältnisse hinreichend charakterisiert. Kennt man E_r und E_1, dann liegen der Verlauf der potentiellen Energie und die Gesamtenergie fest; lediglich der Null-
punkt der Energieskala ist nicht festgelegt, aber der ist ohne Einfluß auf die Bewegung. Ändert man E_r und E_1 um einen gemeinsamen
Faktor, dann ändern sich nach dem Ähnlichkeitsgesetz (b) die Bahnen
nicht. Die Bahnen und damit die Werte der Kardinalelemente hängen
nur von dem Verhältnis E_r/E_1 ab. Die rechtsseitige Brennweite zum
Beispiel läßt sich wie folgt ausdrücken

$$f_r = R \cdot F(E_r/E_1) \tag{2.23}$$

mit F einer Funktion, die man durch numerische Lösung von Gl.2.9
bestimmen kann. Ergebnisse solcher Rechnungen zeigt Abb.2.4. Über

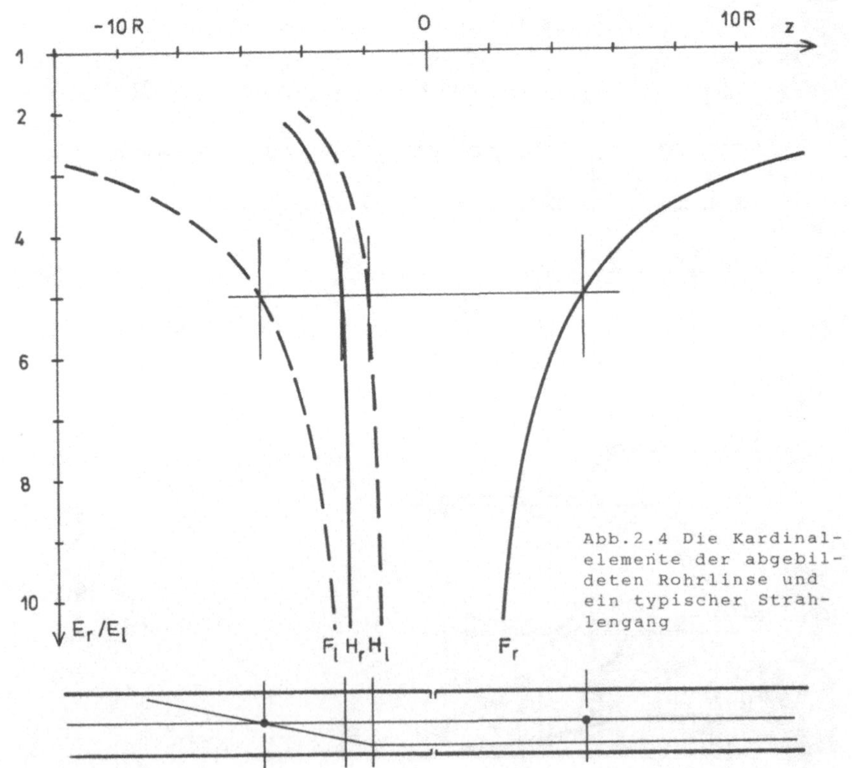

Abb.2.4 Die Kardinal-
elemente der abgebil-
deten Rohrlinse und
ein typischer Strah-
lengang

einer Skizze der Linse sind die Lagen der Kardinalelemente als Funktionen von E_r/E_1 eingetragen. $E_r/E_1 \gg 1$ (starke Beschleunigung) ergibt kurze Brennweiten, für $E_r/E_1 \rightarrow 1$ gehen die Brennweiten nach Unendlich. Die Daten für abbremsenden Betrieb, $E_r/E_1 < 1$, erhält man durch Umkehr der Bewegungsrichtung. Daten für Rohrlinsen mit anderem geometrischen Aufbau findet man in der Literatur.

b) Einzellinse

Dieser Begriff hat sich für einen Linsentyp eingebürgert, der aus drei Elektroden besteht, mit den beiden äußeren auf gleichem Potential wie in Abb.2.5. Die Argumente über Potential und Bahnverlauf und die Anwendung der Ähnlichkeitsgesetze lassen sich aus dem vori- Beispiel übertragen. Bahnen sind in der Abb.2.5 rechts dargestellt. Entsprechend dem Verlauf der Kraftkonstanten sind sie am Linsenrand von der Achse weg gebogen und in der Linsenmitte zur Achse hin. Bei

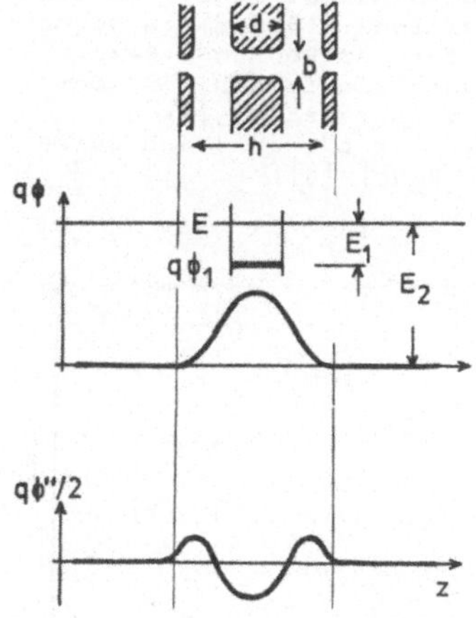

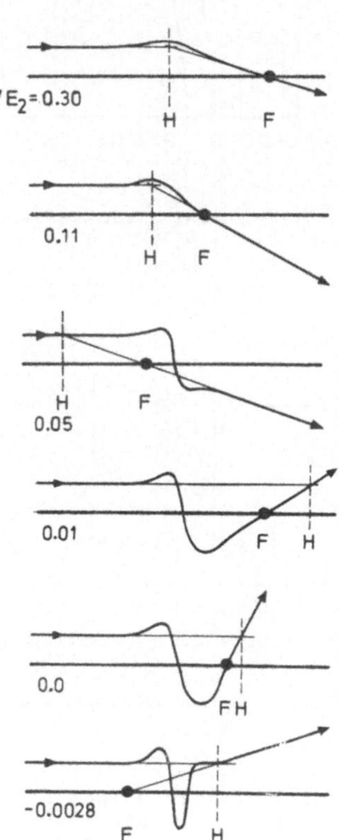

Abb.2.5 Dreielektroden-Einzellinse. Oben: Geometrischer Aufbau, potentielle Energie, Kraftkonstante. Die durchgezogene Kurve im Potentialdiagramm ist die potentielle Energie $q\phi(z)$ auf der Achse, der dicke Strich gibt die potentielle Energie an, die zur Mittelelektrode gehört. E_2 ist die kinetische Energie außerhalb der Linse, E_1 die kinetische Energie, die Teilchen unmittelbar an der Oberfläche der Mittelelektrode hätten. Rechts: Typische Bahnen (Nach Heise und Rang, [6])

den dargestellten Bahnnen werden in der Reihenfolge von oben nach unten die Teilchen in der Linse immer stärker abgebremst. Die ersten Bahnen entsprechen noch einigermaßen dem Modellfall der schwachen Linse, die anderen sicher nicht. In den ersten Fällen bleibt, wie bei der Rohrlinse, insgesamt eine Ablenkung zur Achse hin übrig. Bei zunehmender Kraft schneidet die Bahn die optische Achse aber schon im Feldbereich und schließlich beginnen die Teilchen zu pendeln. In solchen Fällen kann die Brennweite auch negativ sein. Abb. 2.6 zeigt, wie für bestimmte Linsengeometrien die Brennweite mit der Spannung variiert. $E_1 = E - q\phi_1$ mit ϕ_1 dem Potential der Mittelelektrode ist die kinetische Energie, die die Teilchen unmittelbar

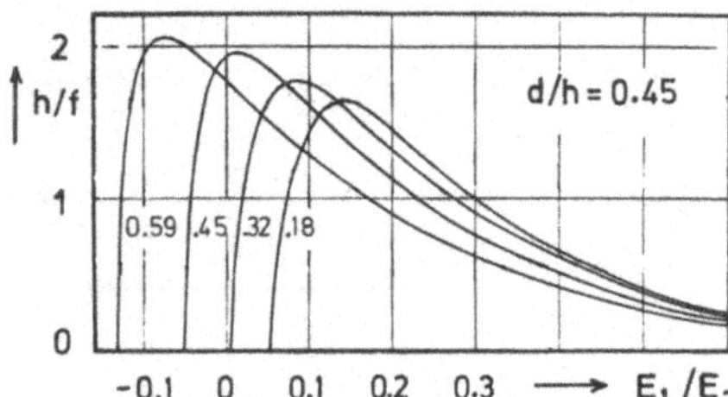

Abb.2.6 Variation der Brennweite einer Einzellinse mit dem Potential an der Mittelelektrode und mit dem Durchmesser der Bohrung. Bezeichnungen wie in Abb.2.5, der Kurvenparameter gibt den Wert von b/h an. (Nach Heise und Rang, [6])

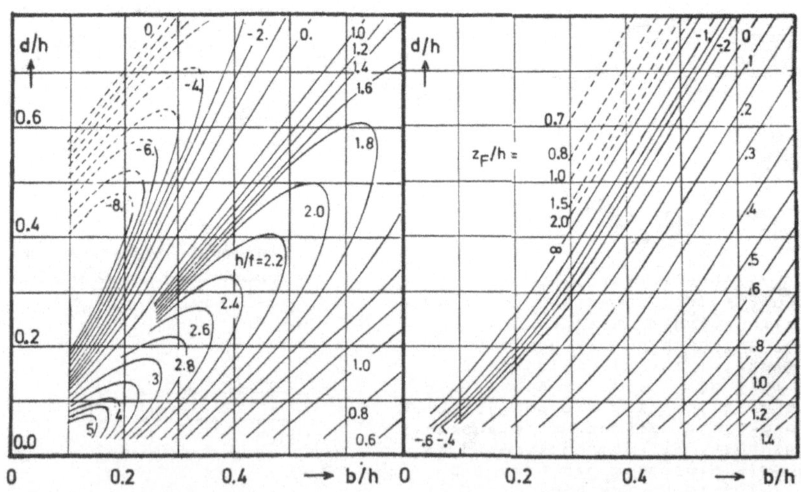

Abb.2.7 Variation der Brennweite und der Brennpunktslage einer Einzellinse im Unipotentialbetrieb ($E_1 = 0$) mit der Linsengeometrie. z_F ist von der Linsenmitte aus gemessen. Bezeichnungen nach Abb. 2.5. (Nach Lippert und Pohlit, [7])

an der Oberfläche der Mittelelektrode hätten (sie kommen da nicht wirklich hin); $E_2=E-q\phi_2$ ist die kinetische Energie außerhalb der Linse. Abb.2.7 zeigt die Variation der Kardinalelemente mit der Linsengeometrie für $E_1=0$ ("Unipotentialbetrieb").

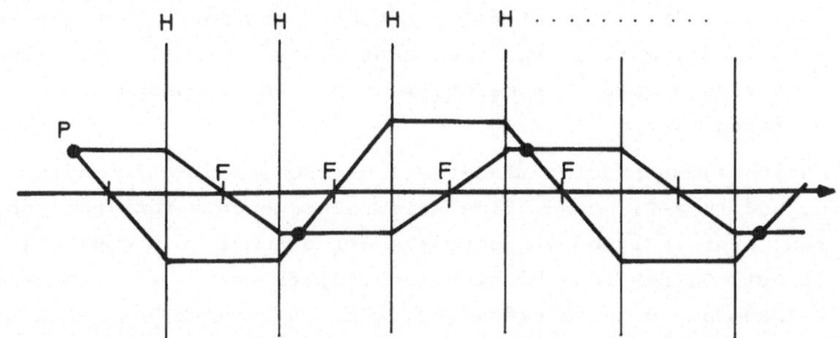

Abb.2.8 Strahltransportsystem. Der Punkt P wird immer wieder abgebildet.

Anwendungsbeispiele

a) Linsen im Elektronenspektrometer, Abb.1.2. Die erste Linse soll die bei P entstehenden Elektronen so gut wie möglich auf parallele Bahnen bringen, die zweite soll diesen Parallelstrahl auf den Eintrittsspalt des Spektrometers abbilden. Da beide Linsen die gleiche Brennweite haben sollen, kann man beide mit der gleichen Spannung an der Mittelelektrode versorgen. Die Feineinstellung der Linsen erfolgt erst im Betrieb durch Nachstellen der Spannung. Man ändert die Spannung der Mittelelektroden so lange, bis am Spektrometeraustritt ein maximaler Strom gemessen wird.

b) Strahltransportsystem, Abb.2.8. Das in der Abbildung gezeigte optische System ist, wie auch andere ähnliche Anordnungen, geeignet, einen Strahl geladener Teilchen über längere Laufstrecken zusammenzuhalten. Es sind nur die Kardinalelemente der Linsen gezeichnet, eine Realisierung ist zum Beispiel mit den besprochenen Einzellinsen ohne weiteres möglich. Auch hier kann es sinnvoll sein, die Feineinstellung erst während des Betriebes durch Nachstellen der Linsenspannungen vorzunehmen.

Man kann ein derartiges Transportsystem mit wenigen Linsen großer Brennweite oder mit vielen Linsen kleiner Brennweite bauen. Im ersten Fall erreichen die Teilchen viel größere Abstände von der Achse als im zweiten. Sind große Achsabstände unerwünscht, dann muß man Linsen kleiner Brennweite einsetzen.

2.4 Bahnen im rotationssymmetrischen Magnetfeld

Ein magnetisches Feld besitzt Rotationssymmetrie um die z-Achse,
wenn es bei einer Drehung um diese Achse in sich selbst überführt
wird. Solche Felder können durch beliebige Anordnungen kreisförmi-
ger Stromleiter (Mittelpunkt auf der Achse) und unter Zuhilfenahme
eines rotationssymmetrischen Eisenkerns erzeugt werden. Bei Magneten mit Eisenkern genügt es meist, wenn der Polschuhbereich rotationssymmetrisch ist.

Ein rotationssymmetrisches Magnetfeld hat Komponenten in radialer
Richtung und in z-Richtung. Eine Azimutalkomponente kann nur dann
vorkommen, wenn im Innenbereich, nahe der z-Achse, ein elektrischer
Strom fließt. Da der Innenbereich materiefrei sein soll und da wir
auch die Raumladung vernachlässigen, kann in unserem Fall eine Azimutalkomponente nicht vorkommen. Das ist ebenso wie beim rotationssymmetrischen elektrischen Feld, die Grundgleichungen im freien
Raum sind ja auch identisch.

Entwickelt man $\vec{B}(\vec{r})$ unter Berücksichtigung der Rotationssymmetrie
und der Grundgleichungen nach Potenzen von x und y, dann ergibt
sich

$$B_x = -B'(z)/2 \cdot x + \ldots$$
$$B_y = -B'(z)/2 \cdot y + \ldots \qquad (2.24)$$
$$B_z = B(z) \qquad + \ldots$$

Dabei ist B(z) der Wert der Feldstärke auf der optischen Achse,

$$B(z) = B_z(x=0, y=0, z) \qquad (2.25)$$

und B'=dB/dz. B(z) spielt eine ähnliche Rolle wie $\phi(z)$, das Potential auf der optischen Achse, im Fall der elektrischen Linsen. So
wie dort genügt die Kenntnis des Feldes auf der Achse, um das Feld
in der Nähe der Achse berechnen zu können. Unter Vernachlässigung
der höheren Terme in Gl.2.24 findet man als Bewegungsgleichung

$$m\ddot{x} = q(\dot{y}B + \dot{z}yB'/2)$$
$$m\ddot{y} = -q(\dot{z}xB'/2 + \dot{x}B) \qquad (2.26)$$
$$m\ddot{z} = qB'/2 \, (x\dot{y} - \dot{x}y)$$

Die Kraft in z-Richtung ist klein, verglichen mit den Kräften in x-
und y-Richtung. Nimmt man nur Terme erster Ordnung in x, y, $\dot{x}$, $\dot{y}$

mit, dann bleibt von der dritten Gleichung lediglich

$$m\ddot{z} = 0, \qquad \text{also} \qquad \dot{z} = v = \text{const} \qquad (2.27)$$

Rotationssymmetrische Magnetfelder werden mit konstanter Geschwindigkeitskomponente $\dot{z}$ durchlaufen. Nach Elimination der Zeit aus den Gleichungen für $\ddot{x}$ und $\ddot{y}$ erhält man ($'=d/dz$):

$$x'' = \frac{q}{mv} \, (y'B + B'y/2)$$

$$y'' = - \frac{q}{mv} \, (x'B + B'x/2) \qquad (2.28)$$

Dies sind wie im elektrischen Fall lineare Differentialgleichungen, allerdings sind nun die Gleichungen für x und y gekoppelt. Die Gleichungen lassen sich aber durch Einführen neuer Koordinaten entkoppeln. Am einfachsten geht das, wenn man x und y in einer komplexen Koordinate zusammenfasst,

$$u(z) = x(z) + iy(z) \qquad (2.29)$$

Die Bahngleichung lautet nun

$$u'' = -i \, \frac{q}{mv} \, (u'B + B'u/2) \qquad (2.30)$$

Einführen einer neuen unbekannten Funktion w

$$w(z) = e^{i\Theta(z)} u(z) \qquad (2.31)$$

mit

$$\Theta'(z) = \frac{q}{2mv} \, B(z) \quad , \qquad \Theta(z) = \frac{q}{2mv} \int^{z} B(z)\,dz \qquad (2.32)$$

ergibt schließlich die neue Differentialgleichung

$$w'' + \left(\frac{qB}{2mv}\right)^{2} w = 0 \qquad (2.33)$$

Wir zerlegen w nun in Real- und Imaginärteil, $w=X+iY$. Der Real- und der Imaginärteil von Gl.2.33 müssen jeder für sich Null sein, die Komponenten X und Y müssen daher jede für sich einer Gleichung der Form der Gl.2.33 genügen. Die Gleichungen für X und Y sind entkoppelt.

Wie hängen nun X und Y mit den Bahnkoordinaten x und y zusammen? Die komplexe Größe u(z) hat den Realteil x(z) und den Imaginärteil y(z), der Punkt u=x+iy hat also in der Ebene der komplexen Zahlen dieselbe Lage wie der Bahnpunkt x, y in der xy-Ebene. Läßt man z variieren, dann zeigt die Bewegung der Zahl u(z) in der komplexen Ebene unmittelbar die Bahnbewegung. Dem Zusammenhang zwischen u und w, Gl.

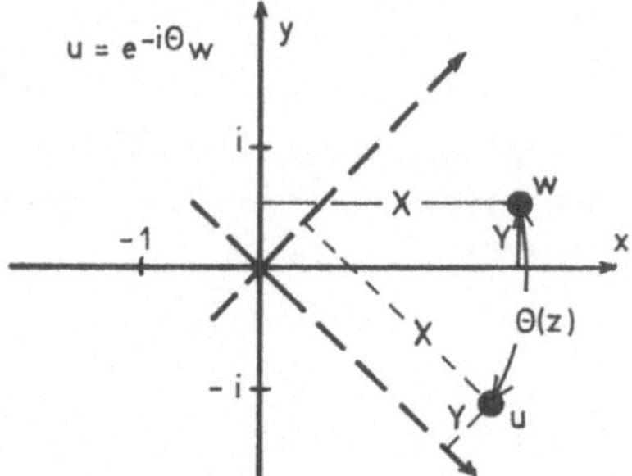

Abb.2.9 Die Bahnbewegung x(z), y(z) als Bewegung des Punktes u=x+iy in der komplexen Ebene. Die Punkte u und w sind um den Winkel θ(z) gegeneinander gedreht.

2.31, entspricht in der komplexen Ebene eine Drehung um den Winkel Θ. X und Y sind also die Koordinaten des Punktes w in der xy-Ebene, der aus dem Bahnpunkt u durch eine Drehung um den Winkel $-\Theta$(z) hervorgeht. Ebensogut lassen X und Y sich aber auch als die Koordinaten des Punktes u in einem um $+\Theta$(z) gedrehten Koordinatensystem auffassen. Abb.2.9 illustriert die beiden Interpretationen. Die zweite Interpretation ist sehr nützlich, und wir werden sie regelmäßig verwenden. Die neuen Koordinatenachsen sind also nicht fest, im Bereich des Magnetfeldes gehört zu jedem Ort eine neue Achsenrichtung.

Wir betrachten wieder den Fall, daß das Feld auf ein endliches Gebiet beschränkt ist. In den feldfreien Gebieten sind die Achsen X, Y fest, zwischen den beiden Bereichen ändern sie ihre Richtung. Insgesamt drehen sie sich um den Winkel

$$\Theta_{ges} = \int_{l}^{r} \frac{qB}{2mv}\, dz \qquad (2.34)$$

Eine besonders einfache Bahn bekommt man für reelles w, also $Y\equiv0$. Eine solche Bahn hat immer den Abstand $|u|=|w|=X$ von der z-Achse, in den feldfreien Bereichen verläuft sie jeweils in einer Ebene mit der z-Achse, aber im Feldbereich dreht sie sich ebenso wie die Koordinatenachse X. Unterscheidet w(z) sich nur durch einen konstanten Faktor von einer reellen Funktion, dann bekommt man ähnliche Bahnen, zum Beispiel eine Bahn, die als Ganzes in der Yz-Fläche verläuft. Auf jeden Fall genügen X und Y linearen Gleichungen, wie wir sie bei der Herleitung der Abbildungsgesetze in Abschnitt 2.2 vorausgesetzt haben. Bahnen in der Xz- oder der Yz-Fläche lassen sich also durch Kardinalelemente beschreiben. Bahnkonstruktionen können im Koordinatensystem X, Y weiter wie in Abb.2.2 durchgeführt werden. Windschiefe Bahnen werden nach wie vor durch Komponentenzerlegung konstruiert, aber man muß die Komponenten bezüglich der mitdrehenden Koordinatenachsen nehmen. Beschreibt man die Bahnen im mitdrehenden Koordinatensystem X, Y, dann unterscheidet sich eine rotationssymmetrische magnetische Linse in ihren allgemeinen Eigenschaften nicht von den bisher besprochenen Linsen. Die Drehung des Koordinatensystems und damit die Drehung der von einer solchen Linse erzeugten Bilder sind die einzig neuartigen Eigenschaften.

Rechts- und linksseitige Brennweite sind bei magnetischen Linsen gleich (p(z) in Gl.2.10 ist Null). In der Näherung der schwachen Linse kann man die Brennweite leicht explizit berechnen. Man findet

$$\frac{1}{f} = \int_{1}^{r} \left[\frac{qB}{2mv}\right]^2 dz \tag{2.35}$$

Solche Linsen haben immer eine positive Brennweite.

2.5 Rotationssymmetrische magnetische Linsen

a) Wir beginnen mit einem einfachen und übersichtlichen, wenn auch für die Praxis nicht sehr wichtigen Beispiel, der Abbildung durch das Feld eines Ringstroms.

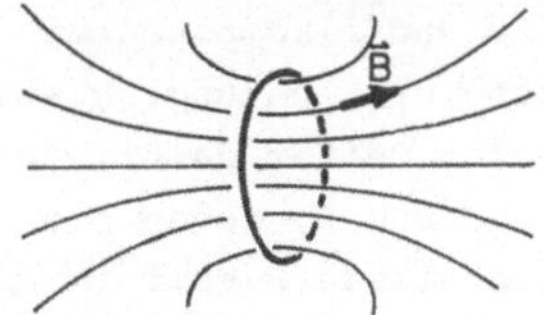

Abb.2.10 Magnetfeld eines Ringstroms

Das Feld B(z) auf der Achse wird in allen einführenden Physiklehrbüchern ausgerechnet

$$B(z) = \frac{B_{max}}{(1+z^2/R^2)^{3/2}} \tag{2.36}$$

B_{max} ist die maximale Feldstärke und R der Radius des Ringes. Der Ring befindet sich bei z=0. Man errechnet für die Bilddrehung

$$\Theta_{ges} = \frac{qB_{max}R}{2mv} \int_{-\infty}^{+\infty} \frac{dz/R}{(1+z^2/R^2)^{3/2}} = 2kR \tag{2.37}$$

mit

$$k = qB_{max}/2mv \tag{2.38}$$

kR ist eine dimensionslose Zahl, die u.a. proportional zur Feldstärke ist. Die Brennweite läßt sich für den Grenzfall der schwachen Linse ebenfalls geschlossen berechnen, man erhält

$$f/R = 8/3\pi \cdot (kR)^{-2} \tag{2.39}$$

Das betrachtete Feld fällt in Richtung $z=\pm\infty$ nur langsam ab, so daß die Bahnen erst in großem Abstand von der Linse als geradlinig betrachtet werden können. Die angegebene Brennweite und die Bilddrehung beziehen sich natürlich auf die Bahnasymptoten.

b) Die Abbildung durch ein <u>begrenztes homogenes Feld</u> läßt sich noch einfacher rechnen. Die Ergebnisse sind auch von praktischer Bedeutung. Das Feld auf der Achse ist

$$B(z) = \begin{cases} B_{max} & \text{für } 0 < z < L \\ 0 & \text{sonst} \end{cases} \tag{2.40}$$

Der Feldvektor zeigt zwischen O und L in Richtung der optischen Achse. An den Rändern des Feldes, bei z=O, L muß es nach Gl.2.24 außerdem starke Feldkomponenten in radialer Richtung geben. Sie sind für die Abbildungseigenschaften ganz wesentlich. Ein Teilchen, das sich im feldfreien Gebiet parallel zur optischen Achse bewegt, erhält beim Passieren des Feldrandes durch die Radialkomponenten des Feldes einen zusätzlichen Impuls in azimutaler Richtung. Dieser Impuls ist die Ursache der Bilddrehung. Er sorgt weiter dafür, daß die Geschwindigkeit im Innenbereich, zwischen O und L, gegen die Feldrichtung geneigt ist. So kann das achsenparallele $\vec{B}$-Feld im Innenbereich bei der ursprünglich achsenparallelen Bahn doch eine Kraft ausüben. Die Radialkomponenten sind in den Bahngleichungen selbstverständlich implizit berücksichtigt, auch wenn die Größe dB/dz in diesen Gleichungen nicht explizit vorkommt.

Man berechnet für die Bilddrehung leicht

$$\Theta_{ges} = qB_{max}L/2mv = kL \tag{2.41}$$

Dabei ist die Größe k ebenso definiert wie im Fall des Ringstroms, Gl.2.38. Die Bahngleichung lautet im Innenbereich der Linse

$$w'' + k^2 w = 0 \tag{2.42}$$

Im Außenbereich sind die Bahnen w(z) Geraden, lineare Funktionen von z. Man überzeugt sich leicht durch den entsprechenden Grenzübergang in Gl.2.33, daß die Funktion w(z) sich stetig und mit stetiger Ableitung durch die Feldbegrenzungen fortsetzt (w' ist stetig, weil w" im Übergangsbereich beschränkt bleibt). Eine Bahn, die im linken feldfreien Bereich parallel zur optischen Achse verläuft, hat im Feldgebiet die Form

$$w_1(z) = a \cos kz \qquad (2.43)$$

Die Brennweite berechnet man nach Gl.2.14 aus $w_1(L)$ und $w_1'(L)$, die Brennpunktslage entsprechend. Man findet.

$$f = \frac{1}{k \sin kL} \; , \qquad z_{Fr} - \frac{L}{2} = \frac{L}{2} + \frac{1}{k \tan kL} \qquad (2.44)$$

$z_{Fr}-L/2$ ist der Abstand des rechtsseitigen Brennpunkts von der Linsenmitte. Die Variation der Kardinalelemente mit der Größe kL zeigt Abb.2.10. Negative Brennweiten treten erst für kL>π auf. Es gibt dann mehrere Schnittpunkte der Bahn mit der Achse, ähnlich wie im elektrischen Fall. Den kleinsten mit kL<π erreichbaren Wert f/L bekommt man für kL=2.029, er beträgt f/L=0.550.

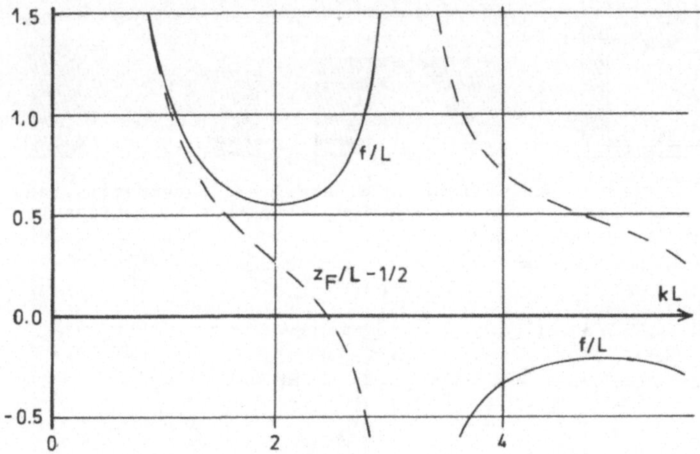

Abb.2.11 Brennweite und Brennpunktslage bei der Abbildung durch das begrenzte homogene Feld

c) Magnetische Linsen mit Eisenkern

Wirkliche magnetische Linsen werden häufig wie in Abb.2.12 gebaut. Die ganze Anordnung ist rotationssymmetrisch. Zwischen den Polschuhen (Abstand L) herrscht ein starkes Feld, das im wesentlichen in Richtung der optischen Achse zeigt. Die Bohrung (Durchmesser D oder

D_1 und D_2) ist nötig, um die Teilchen durchzulassen, ihre Form hat natürlich erheblichen Einfluß auf das Feld. Die Feldstärke geht im Inneren der Bohrung schnell auf Null, das Übergangsgebiet hat eine Ausdehnung der Größenordnung D in z-Richtung. Verkleinert man den Bohrungsdurchmesser immer mehr, $D/L \to 0$, dann kommt man schließlich zu dem eben besprochenen Fall des begrenzten homogenen Feldes, für $D/L \approx 1$ erhält man einen Feldverlauf wie in Abb.2.12b oder c. Definiert man k erneut wie in Gl.2.38 (B_{max} ist der Maximalwert von $B(z)$), dann lassen sich die Bilddrehung und die Kardinalelemente wie folgt ausdrücken:

$$\Theta_{ges} = const \cdot kL \ , \quad f = L \cdot F(kL) \ , \quad z_F = L \cdot G(kL) \tag{2.45}$$

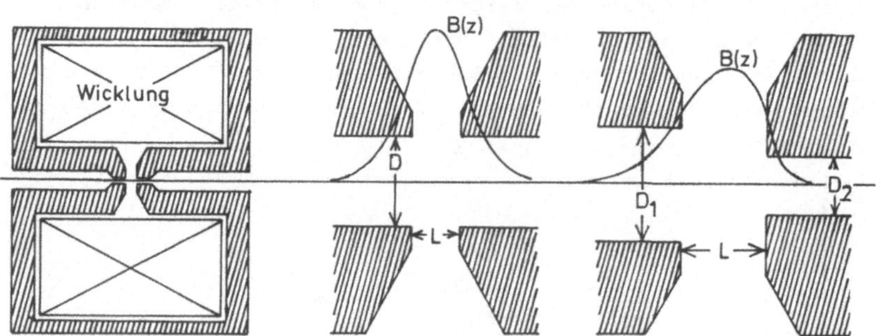

Abb.2.12 a) Technische Ausführung einer rotationssymmetrischen Linse mit Eisenkern, b) Polschuhgebiet, symmetrische Ausführung, c) Unsymmetrische Ausführung

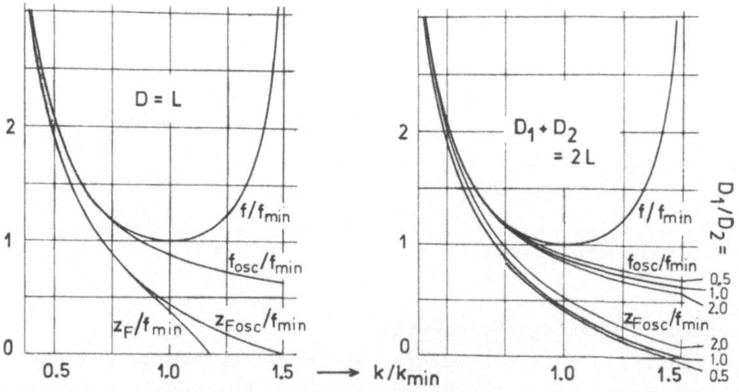

Abb.2.13 Brennweite und Brennpunktslage magnetischer Linsen (Nach Dugas, Durandeau und Fert, [9])

Die Konstante und die Funktionen F und G hängen noch von der Form
der Funktion B(z) ab, also von der Gestalt der Polschuhe, aber
nicht mehr von den in der Größe kL zusammengefassten Größen einzeln. Um das einzusehen, benötigt man das Ähnlichkeitsgesetz (c)
und die Feststellung, daß in Gl.2.32 und 2.33 nur die Größe qB/2mv
vorkommt. Berechnete Werte f und z_F-L/2 (Abstand des Brennpunkts
von der Linsenmitte) für die Linsen der Abb.2.12 zeigt Abb.2.13.
Für die unsymmetrische Linse ist die Lage des linksseitigen Brennpunkts angegeben. Die Lage des rechtsseitigen Brennpunkts läßt sich
aus diesen Daten nicht entnehmen. Die Skalen in Abb.2.13 sind auf
das Minimum der Brennweitenkurve bezogen: bei kL=k_{min}L hat f/L den
kleinsten mit der jeweiligen Bauweise erreichbaren Wert, f_{min}/L.
Die Erfahrung zeigt, daß die Kurven für die Brennweite in dieser
Auftragungsart immer bis auf wenige Prozent mit der Kurve für den
Modellfall D/L=O zusammenfallen. Wirkliche magnetische Linsen mit
Eisenkern verhalten sich ganz ähnlich wie der Modellfall. Werte für
k_{min} und f_{min} für die gängigen Bauweisen findet man in der Litera-
tur. f_{min} hat immer die Größenordnung von L.
In der Praxis werden magnetische Linsen vor allem als Objektiv im
Elektronenmikroskop verwendet. Es kommt dann regelmäßig vor, daß
sich das Objekt im Bereich des Magnetfeldes befindet. Für einen
solchen Fall sind die bisher verwendeten Kardinalelemente nicht von
großem Interesse. Man interessiert sich mehr für den Verlauf der
Bahn in der Nähe des Objekts, als für ihre Verlängerung durch das
Objekt hindurch in den feldfreien Raum. Es lassen sich für diesen
Fall sinnvolle Änderungen in den Definitionen der Kardinalelemente
vornehmen, man spricht von "oskulierenden" Kardinalelementen. Abb.
2.14 illustriert die veränderten Definitionen. Abb.2.13 zeigt die
Abhängigkeit der Brennweiten und Brennpunktslagen von k für beide
Definitionen.

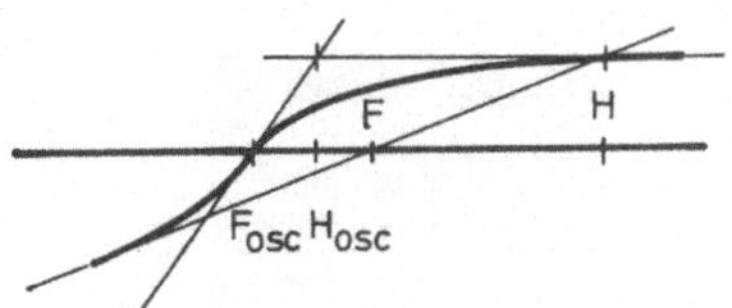

Abb.2.14
Oskulierende Kardinalelemente

d) Linsen mit Permanentmagneten

Solche Linsen sind in Abb.2.15 dargestellt. Zwei Besonderheiten dieser Linsen folgen aus der Tatsache, daß nirgends ein Strom fließt. Bekanntlich kann man die Gleichung $\mathrm{rot}\,\vec{H}=\vec{j}$ in eine integrale Form umschreiben, die besagt, daß das Linienintegral $\int\vec{H}d\vec{s}$ über einen geschlossenen Weg gleich der Summe aller durch die umschlossene Fläche tretenden Ströme ist, in unserem Fall also Null. Wir nehmen als Integrationsweg die optische Achse von $-\infty$ bis $+\infty$ und als Rückweg einen Bogen in unendlichem Abstand, wo $\vec{H}$ und $\vec{B}$ verschwinden. Da der Integrationsweg völlig im freien Raum verläuft, können wir $\vec{H}$ durch $\vec{B}/\mu_o$ ersetzen, so daß folgt

$$\int\limits_{-\infty}^{+\infty} B(z)dz = 0 \tag{2.46}$$

Linsen mit Permanentmagneten zeigen daher keine Bilddrehung, Θ_{ges} ist nach Gl.2.34 und 2.46 Null. Eine unangenehme Konsequenz ist, daß in Anordnungen wie in Abb.2.15b Magnetfelder da auftreten, wo sie eigentlich nicht erwünscht sind, nämlich außerhalb des Eisenkörpers. Sie kompensieren das entgegengesetzt gerichtete Feld im Inneren des Magneten. Man kann sich helfen wie in Abb.2.15c. Im Ei-

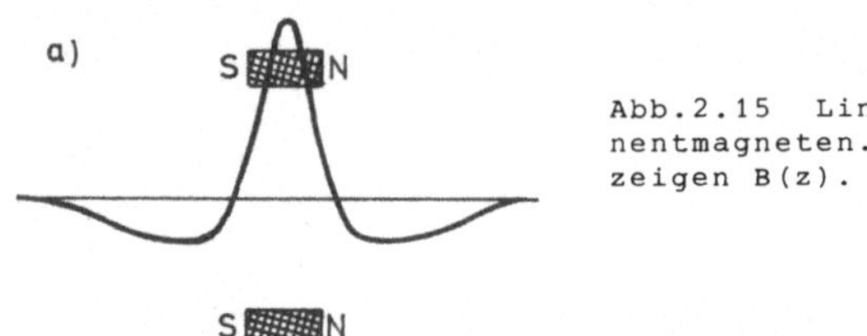

Abb.2.15 Linsen mit Permanentmagneten. Die Kurven zeigen B(z).

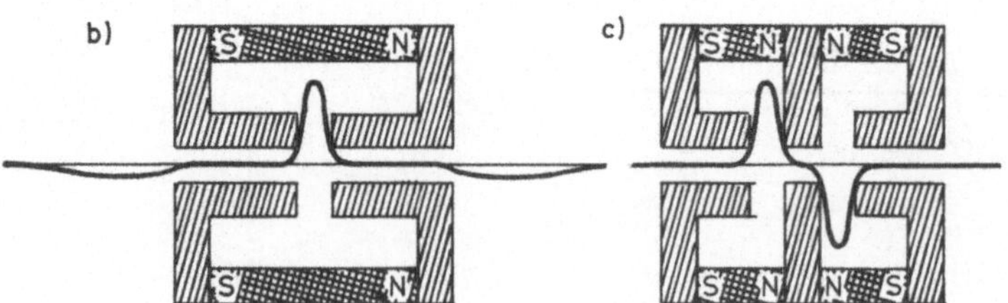

senkörper sind zwei Spalte, in denen das Feld entgegengesetzte
Richtungen hat. Felder im Außenbereich sind zur Erfüllung von Gl.
2.46 nicht mehr nötig und treten auch nicht mehr auf. Da in der
Bahngleichung, Gl.2.33 nur B^2 vorkommt, tragen beide Feldbereiche
gleichermaßen zur Abbildung bei.

e) Lange magnetische Linsen

Die Felder, die man mit Spulen ohne Eisenkern erzeugt, wie etwa das
Feld in Abb.2.10, haben den Nachteil schlechter räumlicher Begrenzung. Wirklich geradlinige Bahnen erhält man erst in großem Abstand
von der Spule. Linsen wie die unter (c) besprochenen lassen sich
daher mit Luftspulen schlecht herstellen. Man kann aus der Not eine
Tugend machen und Abbildungsvorgänge untersuchen, bei denen die
Existenz feldfreier Gebiete nicht vorausgesetzt wird. Ein einfaches
Beispiel ist die Abbildung im unbegrenzten homogenen Feld. Die Bahnen sind die Überlagerung einer Bewegung mit konstanter Geschwindigkeit in Feldrichtung, $\dot{z}=v=\text{const}$, mit einer Kreisbewegung der x-
und y-Komponenten, also Spiralen. Ein Umlauf ist nach der Zeit

$$t_o = 2\pi m/qB \tag{2.47}$$

beendet, B ist der Wert der konstanten Feldstärke. In dieser Zeit
legt das Teilchen eine Strecke z_o in z-Richtung zurück,

$$z_o = 2\pi mv/qB = \pi/k \tag{2.48}$$

k ist wieder wie in Gl.2.38 definiert, mit B statt B_{max}. Teilchen,
die bei z=0 mit den Koordinaten x und y starten, finden sich bei
$z=z_o$ mit denselben Koordinaten x und y wieder, unabhängig von der
Startrichtung. Hat man es mit Teilchen einheitlicher Geschwindigkeitskomponente $\dot{z}$ zu tun, dann findet für alle Teilchenbahnen eine
Abbildung von z=0 nach $z=z_o$ im Maßstab 1:1 statt. In Wirklichkeit
wird man es bestenfalls mit Teilchen einheitlicher Energie zu tun
haben, z_o ist dann nur für flache Bahnen, $\dot{x}/\dot{z}=dx/dz \ll 1$, eine Konstante. Für steilere Bahnen treten Abweichungen auf (Abbildungsfehler).

Statt die Bahnen so elementar zu diskutieren, kann man auch die -
für das Problem des homogenen Feldes viel zu komplizierten - Bahngleichungen aus dem vorigen Abschnitt anwenden. Man erhält, wenn
auch in etwas überraschender Form, dieselben Aussagen über die Abbildung wie mit dem elementaren Verfahren. Lange Linsen mit nicht
homogenen Feldern können auch sinnvoll eingesetzt werden . Der Fall

$$B(z) = \begin{cases} B_1 & z < 0 \\ B_r & z > 0 \end{cases} \qquad (2.49)$$

liefert eine Abbildung mit Vergößerung oder Verkleinerung. Zur Bahnberechnung in einem solchen Fall und erst recht bei einem realistischen Verlauf von $B(z)$, mit einem stetigen Übergang von B_1 nach B_r, kann man Gl.2.32 und 2.33 mit Gewinn verwenden.

Da es keine geraden Bahnstücke gibt, werden Bahnkonstruktionen mit Hilfe von Kardinalelementen, wenn man diese überhaupt noch definieren kann, unübersichtlich. In Abschnitt 2.10 wird ein Verfahren besprochen, mit dem man auch in solchen Fällen die Abbildungseigenschaften einfach beschreiben kann. Dort wird auch die durch Gl.2.49 beschriebene Linse etwas ausführlicher behandelt.

Größenordnungen

In allen Anwendungsbeispielen tritt eine charakteristische Länge, $k^{-1}=2mv/qB$, auf. Sie hat für Elektronen von 10keV und eine Feldstärke von 2T den Wert

$$k^{-1} = 0.337\text{mm} \qquad (2.50)$$

Für 10keV-Protonen und B=2T ist

$$k^{-1} = 14.45\text{mm} \qquad (2.51)$$

Wir wollen den Zusammenhang zwischen der Größe einer magnetischen Linse und der kleinsten erreichbaren Brennweite besprechen. Für den Modellfall D/L=0 ist dieser Zusammenhang aus Gl.2.44 zu entnehmen. Man sieht ohne weiteres, daß für festes k die kleinstmögliche Brennweite gerade k^{-1} ist, sie wird bei $L=\pi/2\cdot k^{-1}$ erreicht.(Das Minimum in Abb.2.10 ist ein Minimum der Größe f/L; wir sprechen hier über ein Minimum von f bei variablem L, die Minima fallen nicht zusammen.) Reale magnetische Linsen mit Eisenkern verhalten sich, wie besprochen, ganz ähnlich wie der Grenzfall D/L=0. Die Schlußfolgerungen sollten also auch, jedenfalls was die Größenordnungen betrifft, auf solche Linsen anwendbar sein. Bedenkt man, daß der den Werten k^{-1} in Gl.2.50 und 2.51 zugrundeliegende Wert der Feldstärke ziemlich die größte mit Eisenkern überhaupt erreichbare Feldstärke darstellt, dann erkennt man, daß die angegebenen Werte von k^{-1} die kleinsten mit 10keV-Teilchen überhaupt erreichbaren Brennweiten darstellen. Zur Realisierung von Linsen so kleiner Brennweite benötigt man einen Spalt L der Größenordnung $\pi/2\cdot k^{-1}$ und schließlich nach Abb.2.12 einen Eisenkörper von etwa $35k^{-1}$. Das ist für 10keV-Elektronen eine ohne weiteres handhabbare Größe. Für 10keV-Protonen braucht man aber schon einen Eisenkörper von einem halben Meter. Wegen der leicht erforderlichen großen Lineardimensionen werden rotationssymmetrische magnetische Linsen für Ionen kaum angewandt.

Bei langen magnetischen Linsen gelten diese Beschränkungen ganz analog. $z_o = \pi k^{-1}$ ist der Abstand zwischen Gegenstand und Bild im homogenen Feld. Kleinere Abstände z_o als sie den Gl.2.50 oder 2.51 entsprechen kann man nur durch Verringerung der Teilchenergie oder Vergrößerung der Feldstärke bekommen. Feldstärken über 2T sind mit Luftspulen im Prinzip erreichbar, aber der technische Aufwand ist erheblich.

2.6 Quadrupollinsen

Bei den bisher behandelten Linsentypen wurde eine linear vom Abstand zur optischen Achse abhängige Kraft durch die Forderung nach Rotationssymmetrie der Felder erzwungen. Die Bedingung läßt sich abschwächen. Fordert man von einem elektrischen oder magnetischen Feld lediglich, daß es bei einer Drehung um 180° um die optische Achse in sich selbst überführt wird, dann bekommt man auch schon ein lineares Kraftgesetz und damit Abbildungseigenschaften.

Eine Drehung um 180° entspricht dem Übergang

$$x \rightarrow -x, \qquad y \rightarrow -y \tag{2.52}$$

Fordert man für das Potential eines elektrischen Feldes, daß es bei dieser Transformation ungeändert bleibt und geht im übrigen vor wie im Fall voller Rotationssymmetrie, dann findet man für die Reihenentwicklung des Potentials die Form

$$\phi(x,y,z) = \phi(z) - \phi''(z)/4 \cdot (x^2+y^2) + A(z) \cdot (x^2-y^2) + .. \tag{2.53}$$

$\phi(z)$ ist wieder das Potential auf der Achse, Gl.2.3. Andere Terme, insbesondere solche, die linear in x oder y sind, haben die geforderte Symmetrie nicht und können daher nicht vorkommen. Die beiden ersten Terme in Gl.2.53 gibt es auch schon bei voller Rotationssymmetrie, der dritte Term ist neu. Die Funktion A(z) unterliegt keiner Beschränkung. Die höheren Entwicklungsterme, die ohne Einfluß auf die hier interessierenden Abbildungseigenschaften sind, können für jede Wahl von A(z) so eingerichtet werden, daß das Potential

als Ganzes der Laplacegleichung genügt. Im Prinzip sind auch Terme
mit xy möglich. Sie verschwinden bei geeigneter Wahl der Koordinatenachsen x und y (Hauptachsentransformation). Wir beschränken uns
auf solche Fälle, in denen sich diese ausgezeichneten Richtungen
nicht längs der z-Achse ändern, und wir setzen voraus, daß diese
Koordinaten in Gl.2.53 bereits verwendet werden. Der allgemeinere
Fall liefert ebenfalls ein lineares Kraftgesetz und damit Abbildungseigenschaften, er wird aber nicht praktisch angewandt.

Man nennt ein elektrisches Feld, das einer Reihenentwicklung nach
Gl.2.53 genügt und bei dem außerdem die rotationssymmetrischen An-
teile Null sind, ein Quadrupolfeld. Das Potential eines solchen
Feldes hat also die Form

$$\phi(x,y,z) = A(z) \cdot (x^2 - y^2) + \ldots\ldots \tag{2.54}$$

Optische Geräte mit einem solchen Potential heißen Quadrupollinsen.
Sie werden häufig eingesetzt. Abb.2.16a zeigt Äquipotentiallinien
und Feldvektoren in einer Ebene senkrecht zur optischen Achse einer
Quadrupollinse. Dabei sind die höheren Entwicklungsterme nicht berücksichtigt. Sollen die höheren Entwicklungsterme wirklich verschwinden, dann ist, wie man leicht nachrechnet, A(z)=const erforderlich. Ein solches Feld kann man durch hyperbelförmige Elektroden
wie in Abb.2.16b mit unendlicher (oder jedenfalls hinreichend gros-
ser) Ausdehnung in z-Richtung erzeugen. Die Elektroden müssen abwechselnd auf positivem und negativem Potential $+\phi_o$ und $-\phi_o$ liegen,
der konstante Wert von A(z) ist dann durch

$$A = \phi_o / r^2 \tag{2.55}$$

gegeben, r ist in der Abbildung definiert. Einfacher als mit Hyper-
belelektroden und weitgehend üblich ist die Erzeugung eines Quadrupolfeldes durch Elektroden mit kreisförmigem Querschnitt, Abb.
2.16b. Man bekommt dann zwar auf jeden Fall weitere Terme mit höheren Potenzen von x und y in Gl.2.54, der führende Term ändert seine
Form aber nicht. Diese und andere Variationen des Quadrupolfeldes
werden am Ende des Abschnitts über Quadrupollinsen besprochen.

Im allgemeinen wird eine Linse endlicher Länge benötigt. Sie läßt
sich mittels Elektroden endlicher Länge L herstellen wie in Abb.
2.16c. Die Funktion A(z) ist bei ausreichender Länge der Anordnung
im Innenbereich konstant und ihr Wert ist dort durch Gl.2.55 gegeben. Am Linsenrand fällt A(z) stetig auf Null. Zur rechnerischen

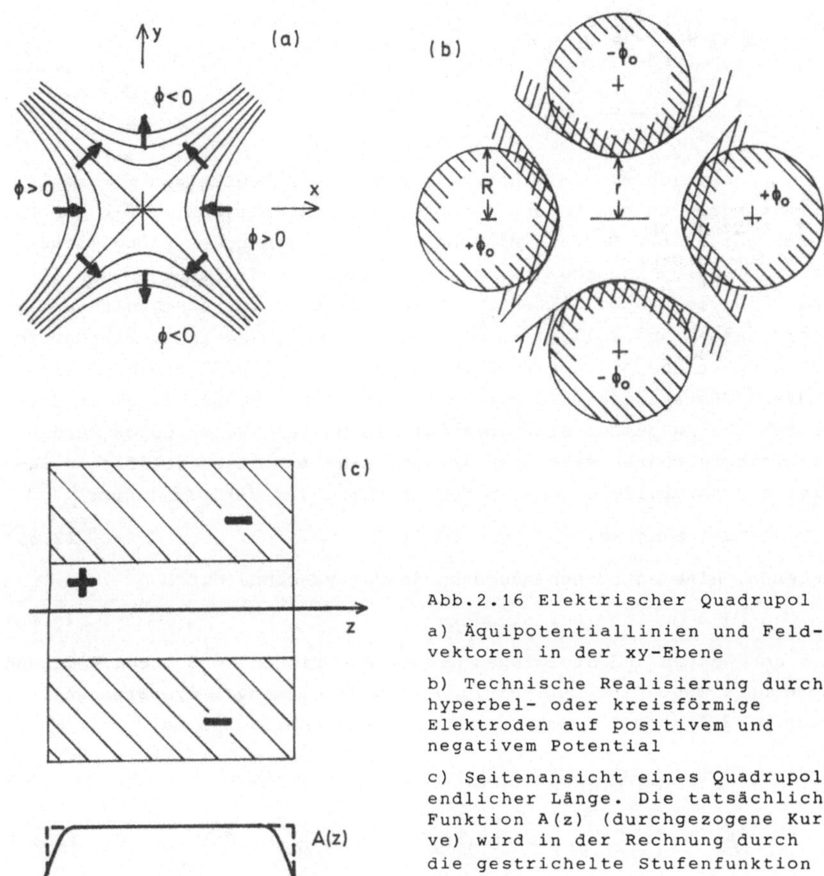

Abb.2.16 Elektrischer Quadrupol

a) Äquipotentiallinien und Feldvektoren in der xy-Ebene

b) Technische Realisierung durch
hyperbel- oder kreisförmige
Elektroden auf positivem und
negativem Potential

c) Seitenansicht eines Quadrupols
endlicher Länge. Die tatsächliche
Funktion A(z) (durchgezogene Kurve) wird in der Rechnung durch
die gestrichelte Stufenfunktion
ersetzt.

Vereinfachung ersetzen wir $A(z)$ durch eine Stufenfunktion,

$$A(z) = \begin{cases} A & \text{für } 0 < z < L \\ 0 & \text{sonst} \end{cases} \tag{2.56}$$

Die Bahngleichungen lassen sich ohne Schwierigkeit aufstellen. Man
erhält für den Innenbereich, $0 < z < L$

$$x'' + k^2 x = 0$$
$$y'' - k^2 y = 0 \tag{2.57}$$

mit

$$k = \sqrt{2qA/mv^2} \ , \qquad v = \dot{z} = \text{const} \tag{2.58}$$

Im Außenbereich sind die Bahnen Geraden, die stetig und mit stetiger Steigung an die Lösungen von Gl.2.57 anschließen. Terme von höherer als erster Ordnung sind bei der Herleitung der Bahngleichungen wie üblich konsequent vernachlässigt. Die Gleichungen und die folgende Diskussion gelten für Aq>0; für Aq<0 vertauschen x- und y-Koordinaten ihre Rollen, in Gl.2.58 ist -Aq einzusetzen. Bahnen oder Bahnprojektionen in der xz-Ebene haben nach Gl.2.57 einen völlig anderen Charakter als solche in der yz-Ebene. Bahnen in einer der beiden Ebenen müssen sich aber auf die übliche Weise durch Kardinalelemente charakterisieren lassen. Eine im linken feldfreien Gebiet achsenparallele Bahn in der xz-Ebene ist für O<z<L durch

$$x = a \cos kz, \qquad y = 0 \tag{2.59}$$

gegeben, eine entsprechende Bahn in der yz-Ebene durch

$$x = 0 \ , \qquad y = b \cosh kz \tag{2.60}$$

Aus den Werten und Steigungen dieser Funktionen am rechten Feldrand berechnet man die rechtsseitigen Kardinalelemente, die Brennweite nach Gl.2.14 und die Lage der Hauptebene analog. Es ist

$$f_x = \frac{1}{k \sin(kL)} = L\left[(kL)^{-2} + \frac{1}{6} + \frac{7}{360}(kL)^2 + \ldots \right]$$

$$f_y = \frac{-1}{k \sinh(kL)} = -L\left[(kL)^{-2} - \frac{1}{6} + \frac{7}{360}(kL)^2 + \ldots \right] \tag{2.61}$$

$$z_{Hx} - \frac{L}{2} = L\left[\frac{1}{2} + \frac{\cos(kL)-1}{kL\sin(kL)}\right] = -\frac{1}{24} k^2 L^3 + \ldots$$

$$z_{Hy} - \frac{L}{2} = L\left[\frac{1}{2} + \frac{1-\cosh(kL)}{kL\sinh(kL)}\right] = \frac{1}{24} k^2 L^3 + \ldots \tag{2.62}$$

Die beiden letzten Formeln geben die Abstände der Hauptebenen von der Linsenmitte an. Die Kraft in der xz-Ebene (Abb.2.16a) weist zur Achse hin, die Bahnen in der xz-Ebene sind daher zur Achse hin gebogen wie in Gl.2.59, und die Brennweite f_x für die Bahnen in dieser Ebene ist positiv, jedenfalls für nicht zu große Werte von kL. Die xz-Ebene wird als die fokussierende Ebene des Quadrupols bezeichnet. Die Bahnen sind mit denen in der Xz-Ebene des begrenzten homogenen Magnetfeldes identisch, Abb.2.11 gilt auch für die Kardinalelemente der fokussierenden Ebene eines Quadrupols. Die Kraft und die Bahnen in der yz-Ebene zeigen von der Achse weg, die Brennweite f_y für eine Bewegung in dieser Ebene ist negativ. Die yz-Ebene heißt die defokussierende Ebene. f_x ist immer etwas größer (die Linsenwirkung ist schwächer) als der Betrag von f_y. Die Hauptebenen in Gl.2.62 sind die rechtsseitigen Hauptebenen, die linksseitigen erhält man durch Spiegelung an der Linsenmitte. Quadrupollinsen werden eher mit kleinen als mit großen Werten von kL betrieben. In den Gleichungen sind daher neben den korrekten Formeln auch noch die ersten Terme einer Reihenentwicklung nach Potenzen von kL angegeben. Abb.2.17 zeigt die Lage der Kardinalelemente und zwei Bahnkonstruktionen entsprechend den ausgeschriebenen Termen der Entwicklung.

Gl.2.57 gilt für die Projektionen x(z) und y(z) jeder Bahn. Daher ist der Satz von Lippich nach wie vor richtig, windschiefe Bahnen können durch Komponentenzerlegung konstruiert werden. Die xz- und die yz-Ebenen, auf die projiziert werden muß, sind nun aber durch die Geometrie des Quadrupols bereits eindeutig festgelegt. Bahnen, die nicht in einer der ausgezeichneten Ebenen beginnen, sind immer windschief.

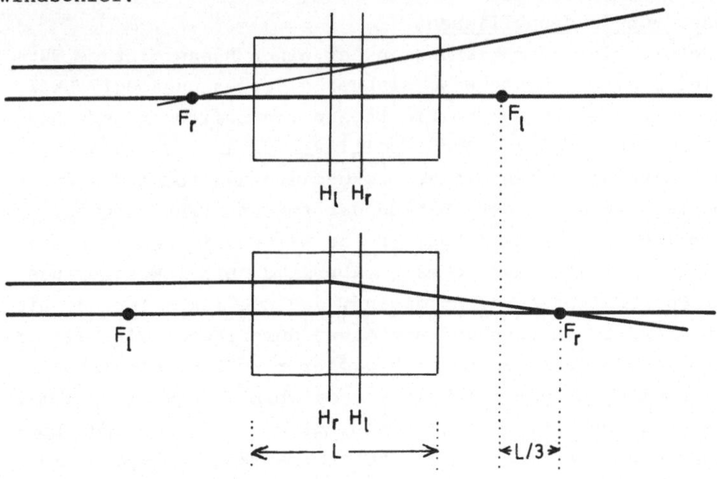

Abb.2.17 Kardinalelemente und Strahlengänge in der defokussierenden und in der fokussierenden Ebene einer Quadrupollinse (Entwicklung bis $(kL)^2$)

Magnetische Quadrupole

Die Grundgleichungen für elektrische und magnetische Felder im
freien Raum sind identisch, es gibt also magnetische Felder, die
genauso aussehen wie das elektrische Feld der Abb.2.16a. Wie in
Kap.1 erläutert, kann man ein solches Feld herstellen, indem man
aus den Elektroden in Abb.2.16b die Polschuhe eines Magneten macht.
Für Teilchen auf flachen, das heißt nahezu achsenparallelen, Bahnen
ist die Kraft in einem solchen Feld ein Vektor in der Zeichenebene
der Abb.2.16a, der senkrecht auf den eingezeichneten Vektoren der
Feldstärke steht. Man sieht leicht, daß dieses Kraftfeld nach einer
Drehung um 45° genauso aussieht wie das ursprüngliche elektrische
Feld. Die Bahnen im magnetischen Quadrupol sind daher mit denen im
elektrischen identisch, der einzige Unterschied liegt darin, daß
die ausgezeichneten Ebenen beim elektrischen Quadrupol durch die
Elektrodenmitten gehen, beim magnetischen Quadrupol aber zwischen
den Polschuhen hindurch. Der Wert von k beim magnetischen Quadrupol
läßt sich durch die Feldstärke am Polschuhrand ausdrücken. Ist B_O
der Betrag von $\vec{B}$ bei x=0, y=r (Abb.2.16b) dann gilt im Fall hyper-
bolischer Polschuhe

$$k = \sqrt{|q|B_O/mvr} \tag{2.63}$$

Kombinationen von Quadrupollinsen

Wegen der defokussierenden Wirkung in der einen Ebene gibt es für
eine einzelne Quadrupollinse kaum sinnvolle Verwendungsmöglichkei-
ten. Häufig verwendet werden Kombinationen von zwei oder mehr Quadrupolen. Kombiniert man zwei Quadrupollinsen derart, daß die defokussierende Ebene des einen mit der fokussierenden Ebene des anderen zusammenfällt und ist der Abstand der Linsen nicht zu groß,
dann bekommt man immer eine fokussierende Wirkung in beiden Ebenen.
Beispiele solcher Strahlengänge zeigt Abb.2.18. Die fokussierende
Wirkung der Kombinationen beruht darauf, daß die fokussierende Linse immer in größerem Abstand von der Achse durchlaufen wird als die
defokussierende und damit im Bereich größerer Kräfte. Die Tatsache,
daß die Brennweite für die defokussierende Ebene einer Linse immer
einen etwas größeren Betrag hat als die für die fokussierende Ebene, ist dagegen unerheblich. Um einfache Strahlkonstruktionen zu
bekommen, ist dieser Unterschied in den Zeichnungen vernachlässigt,
aus demselben Grund ist angenommen, daß die Hauptebenen jeweils in
die Linsenmitte fallen. Das erste Beispiel in der Abbildung zeigt

eine Linsenkombination, die in beiden ausgezeichneten Ebenen die
gleiche effektive Brennweite hat, die Brennpunkte liegen allerdings
an ganz unterschiedlichen Orten. Im zweiten Beispiel fallen die
Brennpunkte für die beiden Ebenen zusammen, aber die Brennweiten
unterscheiden sich erheblich. Ganz allgemein gilt, daß zwei dünne
Linsen mit den Brennweiten f und -f im Abstand 1, also etwa zwei
gekreuzte Quadrupole mit nicht zu großem Wert von kL, zusammen die
effektive Brennweite

$$f_{eff} = + f^2/1 \tag{2.64}$$

haben, unabhängig von ihrer Reihenfolge. (Zum Nachrechnen kann man
den Formalismus der Transfermatrizen benutzen, siehe Abschnitt 2.10.)

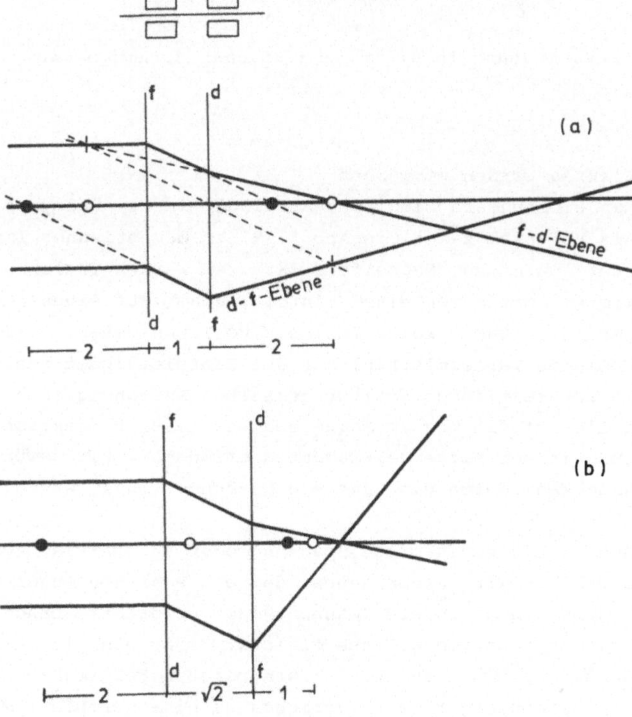

Abb.2.18 Kombinationen zweier um 90° verdrehter Quadrupollinsen.
Es ist angenommen, daß die Hauptebenen in der Linsenmitte liegen
und daß die Brennpunkte für die fokussierende und die defokussierende Ebene jeweils zusammenfallen.

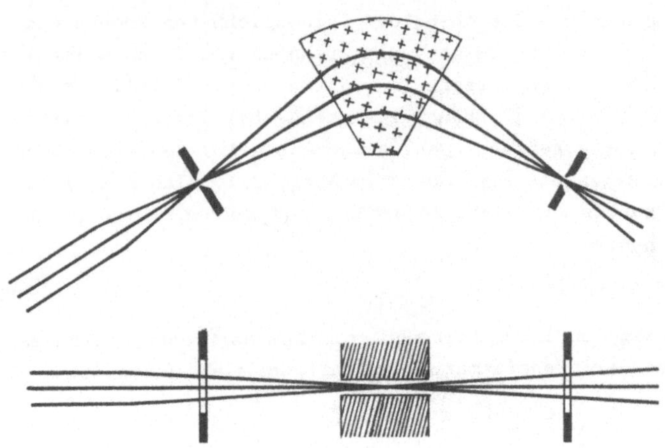

Abb.2.19 Strahlengang in einem magnetischen Spektrometer

Quadrupollinsen werden verwendet
a) wenn man eine unterschiedliche Abbildung in xz- und yz-Ebene benötigt. Als Beispiel zeigt die Abb.2.19 ein magnetisches Impulsspektrometer. Durch das Magnetfeld (Kreuze) werden Teilchen mit einem bestimmten Impuls von einem Eintrittsspalt auf einen Austrittsspalt abgebildet. Damit keine Teilchen verloren gehen, soll der von
links ankommende Parallelstrahl auf den Eintrittsspalt gebündelt
werden. In der seitlichen Ansicht derselben Anordnung liegt die
engste Stelle auf dem Weg im Magneten. In dieser Projektion ist eine Bündelung in der Mitte des Magneten erwünscht. Der gewünschte
Strahlengang kann durch ein Paar von Quadrupollinsen erzeugt werden.
b) wenn andere Linsen zu große Spannung oder zu starkes Magnetfeld
benötigen würden. Wir werden sehen, daß ein Paar von Quadrupollinsen im allgemeinen geringere Spannung oder Feldstärke benötigt als
eine rotationssymmetrische Linse gleicher Größe und gleicher effek-
tiver Brennweite. Die Größe der erforderlichen Feldstärke wird regelmäßig bei hochenergetischen Teilchen zu einem Problem. Man kann
Strahltransportaufgaben für hochenergetische Teilchen besser mit
Quadrupolen lösen als mit rotationssymmetrischen Linsen. Eine regelmäßige Abfolge von Quadrupollinsen, die jeweils um 90° verdreht

sind, kann ebenso wie eine regelmäßige Abfolge fokussierender Linsen einen Teilchenstrahl über längere Laufstrecken zusammenhalten. Die insgesamt konvergierende Wirkung einer Sequenz von etwa gleich starken fokussierenden und defokussierenden Linsen beruht wie bei den Beispielen der Abb.2.18 darauf, daß die fokussierenden Linsen immer in größerem Abstand von der Achse durchlaufen werden als die defokussierenden. Man bezeichnet eine solche Anordnung als Anordnung mit "alternierendem Gradienten" und man spricht von "AG-Fokussierung". Das Funktionsprinzip kann man sich am lichtoptischen Analogon sehr schön verdeutlichen.

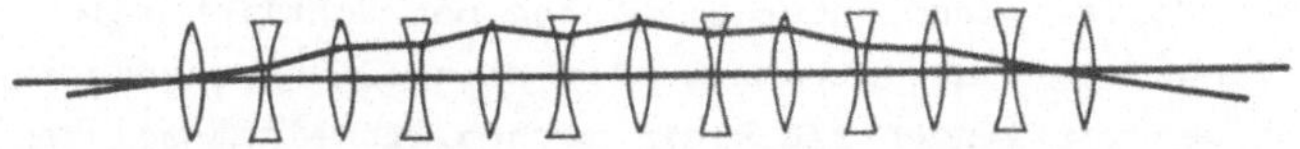

Abb.2.20 AG-Fokussierung in der Lichtoptik

Vergleich von Quadrupolen und rotationssymmetrischen Linsen

Wir vergleichen den Modellfall einer rotationssymmetrischen magnetischen Linse, das begrenzte homogene Feld, mit einer magnetischen Quadrupollinse. Der Zusammenhang zwischen der Brennweite und der charakteristischen Größe k ist, bis auf die kleine Differenz zwischen $|f_x|$ und $|f_y|$ beim Quadrupol, in beiden Fällen der gleiche, Gl.2.44 bzw. 2.61, aber k ist jeweils unterschiedlich definiert, Gl.2.38 bzw. 2.63. Wir beschränken den Vergleich auf nicht zu große Werte von kL (schwache Linsen) und verwenden nur die führenden Terme der Potenzreihenentwicklung nach kL. Für die rotationssymmetrische Linse erhält man

$$f = 1/(Lk^2) = (2mv/qB_{max}L)^2 \cdot L \qquad (2.65)$$

und für einen einzelnen Quadrupol

$$|f| = 1/(Lk^2) = (mv/qB_oL) \cdot r \qquad (2.66)$$

Für ein Paar von Quadrupolen errechnet man aus Gl.2.64 und 2.66

$$f_{eff} = (mv/qB_oL)^2 \cdot r^2/l \qquad (2.67)$$

Wir wollen die rotationssymmetrische Linse mit Quadrupolen der gleichen Feldlänge L vergleichen, und die Magnetfeldstärke soll auch in beiden Fällen die gleiche Größenordnung haben, $B_o \approx B_{max}$. Der technische Aufwand für die beiden Konstruktionen ist dann etwa gleich. In beiden Fällen steht auch etwa die gleiche geometrische Öffnung für die Teilchenbahnen zur Verfügung; der Durchmesser D der Bohrung der rotationssymmetrischen Linse und der Elektrodenabstand 2r der Quadrupole können nicht wesentlich größer als die Länge L gewählt werden, sonst hat das Feld nicht mehr die vorausgesetzte Form. Dividiert man Gl.2.67 durch Gl.2.65, dann findet man, daß das Quadrupolpaar eine um einen Faktor der Größenordnung r^2/Ll kleinere Brennweite liefert als die rotationssymmetrische Linse oder daß man die gleiche Brennweite bei entsprechend verringerter Feldstärke erreichen kann. Der Vorteil kann unter Umständen beträchtlich sein. Hat man es allerdings mit einem Strahl großer Winkeldivergenz zu tun, dann kann man weder r/l noch r/L klein machen. In einem solchen Fall bietet das Quadrupolpaar höchstens geringe Vorteile.

Einen ähnlichen Vergleich kann man für elektrische Linsen anstellen; die Argumentation wird allerdings mühsam, da es für die rotationssymmetrische elektrische Linse kein so einfaches Modell gibt wie für die magnetische. Man muß sich auf Gl.2.21 stützen, das Ergebnis ist ähnlich wie für die magnetischen Linsen.

Könnte man über die Kräfte in einer teilchenoptischen Linse frei verfügen, ohne an die Grundgleichungen der Felder gebunden zu sein, dann würde man eine fokussierende Linse so bauen, daß die Kraft an jedem Ort zur optischen Achse zeigt. Keine der besprochenen Linsen hat eine derart einfache, ideale Funktionsweise. In rotationssymmetrischen elektrischen Linsen gibt es immer Bereiche mit anziehender und Bereiche mit abstoßender Kraft. Ihre Wirkungen heben sich zum Teil auf, nur der verbleibende Rest dient der Fokussierung. Quadrupole haben in der einen Ebene tatsächlich die ideale Funktionsweise, in der anderen aber das genaue Gegenteil. In einem Quadrupolpaar gehen alle Bahnen durch Bereiche mit anziehender, aber auch durch Bereiche mit abstoßender Kraft. In rotationssymmetrischen magnetischen Linsen zeigt die Kraft im Linseninneren zwar weitgehend zur Achse, aber der Winkel zwischen Bahn und Feldvektor ist klein, so daß nur ein geringer Teil der Feldstärke zur Ablenkung ausgenutzt wird. Man hat elektrische Linsen mit Hilfe von Netzen gebaut, die sich quer zur optischen Achse erstrecken. Die so herstellbaren Felder kommen dem Idealfall näher, aber die Anwesenheit der Netze in dem Gebiet, das eigentlich den geladenen Teilchen vorbehalten ist, hat erhebliche praktische Nachteile. Solche Linsen werden kaum verwendet.

Technische Ausführung von Quadrupollinsen

Um bei der Berechnung der Bahnen im Quadrupol möglichst wenige Fehler zu machen, ist es ratsam, mit einem Feld zu arbeiten, das von vorneherein möglichst genau dem reinen Quadrupolfeld, das heißt dem führenden Term in Gl.2.54, entspricht. Man sollte sich aber darüber klar sein, daß die berechneten Bahnen auch dann noch Näherungen sind, wenn man das reine Quadrupolfeld so genau wie möglich angenähert hat. Zum ersten sind zur Herleitung der Bahngleichung. Gl. 2.57, weitere Terme vernachlässigt worden, nicht nur höhere Terme in der Reihenentwicklung des Potentials. Zum zweiten treten am Rand des Quadrupols ($z=0,L$) notwendig höhere Terme in der Reihenentwicklung auf.

Abgesehen von den Randfeldeffekten realisiert man ein reines Quadrupolfeld am sichersten mit hyperbelförmigen Elektroden. Das ist aber so aufwendig, daß es lohnt, nach anderen Möglichkeiten zu suchen. Die Forderung, daß Potential und Feld bei einer Drehung um 180° in sich selbst übergehen, hat zur Konsequenz, daß in der Reihenentwicklung des Potentials überhaupt nur Terme mit gerader Ordnung vorkommen können. Die Elektrodenanordnungen in Abb.2.16b haben weitere Symmetrieeigenschaften, die die zulässigen Potenzen weiter einschränken:

a) Potential und Feld gehen bei Spiegelung an der x- oder der y-Achse in sich selbst über; das hat aber keine weiteren Konsequenzen.

b) Potential und Feld gehen bei Spiegelung an den Winkelhalbierenden $x=\pm y$ oder bei einer Drehung um 90° in -1 mal sich selbst über; dies hat zur Folge, daß nur noch Terme zweiter, sechster, zehnter Ordnung u.s.w. in der Reihenentwicklung des Potentials erlaubt sind. (Die Argumentation geht am einfachsten anhand der Gl.5.10). Wenn man also Elektrodenanordnungen baut, die bei einer 180°-Drehung in sich selbst übergehen und die bei einer 90°-Drehung gerade positives und negatives Potential vertauschen, dann hat man bereits erreicht, daß die störenden Terme im Potential nur mit der sechsten Potenz des Achsabstandes anwachsen. Beispiele sind die Anordnung von Elektroden mit kreisförmigem Querschnitt in Abb.2.16b, oder eine Anordnung von Elektroden entsprechend den Seiten eines Quadrates, mit abwechselnd positivem und negativem Potential. Durch geeignete

Formgebung kann man auch noch die Terme sechster Ordnung zu Null machen. Das ist der Fall mit kreisförmigen Elektroden und ([10])

$$R = 1.15 \ r \tag{2.68}$$

Der Zusammenhang zwischen den angelegten Potentialen und dem Wert der Größe A, Gl.2.55, enthält in solchen Fällen einen zusätzlichen numerischen Faktor. Er kann in einigen Fällen angegeben werden, meist genügt es, die Stärke des Quadrupols im Betrieb einzustellen.

Schlitzlinsen

Die rotationssymmetrischen Anteile in der Reihenentwicklung des Potentials wurden zu Beginn dieses Abschnitts ohne weitere Begründung ausgeschlossen. Man kann ohne weiteres Linsen bauen, deren Felder bei einer 180°-Drehung in sich selbst übergehen, die aber neben Quadrupoltermen auch rotationssymmetrische Terme in der Reihenentwicklung haben. Da die Kräfte nach wie vor linear sind, gibt es auch in diesem Fall die übliche optische Abbildung. Wie bei der Quadrupollinse gibt es zwei ausgezeichnete Ebenen, in denen die Bahnen einen einfachen Charakter haben. Sind x- und y-Koordinaten so gewählt, daß die Form der Entwicklung nach Gl.2.53 zutrifft, dann sind dies die xz- und die yz-Ebene. Die Kardinalelemente in den beiden Ebenen sind unterschiedlich. Man kann zum Beispiel eine Linse bauen, deren Querschnitt in der xz-Ebene mit dem Querschnitt einer rotationssymmetrischen Linse, etwa nach Abb.2.5, identisch ist. Der Querschnitt bleibt aber in y-Richtung unverändert. Blickt man längs der optischen Achse auf eine solche Linse, dann sieht man einen oder mehrere in y-Richtung verlaufende Schlitze. Die Projektionen der Bahnen auf die yz-Ebene sind Geraden, die Projektionen auf die xz-Ebene zeigen das bekannte Verhalten. Solche Linsen sind nicht so eingehend untersucht wie rotationssymmetrische Linsen. Da die Brennweite durch Verstellen der Linsenspannung weitgehend frei gewählt werden kann, lassen sich solche Linsen ohne große Probleme entwerfen. Man kann auch Linsen bauen, die beim Blick in Richtung der optischen Achse ein rechteckiges Profil zeigen. Man bekommt Abbildung in zwei Ebenen mit unterschiedlicher Brennweite. Eine der beiden Brennweiten läßt sich im Betrieb frei einstellen, die zweite ist dann aber nicht mehr unabhängig wählbar. Solche Linsen kann man nur verwenden, wenn man mit einer qualitativen Kenntnis der optischen Eigenschaften zufrieden ist, oder man muß die Feld- und Bahngleichungen explizit lösen. Systematische Datensammlungen gibt es für solche Linsen nicht.

2.7 Der allgemeine Fall der optischen Abbildung, Abbildungsfehler dritter Ordnung

Abbildungsfehler sind Abweichungen von den erwarteten Bahnen. Zu den bereits im ersten Kapitel besprochenen Fehlermöglichkeiten kommen nun noch die Fehler aufgrund der Näherungen bei der Bahnberechnung und Fehler, die damit zu tun haben, daß stillschweigende Voraussetzungen dieser Rechnungen nicht zutreffen. Beispiele sind:

a) Ungenaue Bauweise oder falsche Justierung der Linsen ("mechanische Aberrationen")

b) Falsche oder experimentell nicht hinreichend genau festgelegte Teilchenenergie ("chromatische Aberration")

c) Nicht hinreichend genaue Lösung der Feld- und Bewegungsgleichungen ("geometrische Aberration").

Die chromatische Aberration hat man völlig in der Hand, wenn man die Energieabhängigkeit der Kardinalelemente kennt, etwa gemäß Abb. 2.6 oder 2.13. Ähnlich direkt kann man das Problem der Fehljustierung angehen. Die anderen Ursachen sind schwieriger in den Griff zu bekommen. Im folgenden wird nur die geometrische Aberration behandelt. Eine Erweiterung des Ansatzes, derart daß auch die chromatische Aberration erfaßt wird, findet man in Abschnitt 3.5.

Bei der Herleitung der linearen Bahngleichungen (Abschnitte 2.1, 2.4 und 2.6) sind Terme von höherer als erster Ordnung in x, y, $\dot{x}$ und $\dot{y}$ vernachlässigt worden. Die Ergebnisse sind daher nur für flache Bahnen ($\dot{x},\dot{y} \ll \dot{z}$) in der Nachbarschaft der optischen Achse gültig. Solche Bahnen bezeichnet man als "Paraxialstrahlen". Man spricht von "Gauß'scher Optik", solange die lineare Abbildungsgleichung und die Bahnkonstruktionen wie in Abschnitt 2.2 gültig sind. Für Bahnen, die zu weit von der optischen Achse entfernt oder zu steil sind, muß man höhere Terme mitnehmen. Das führt zu nichtlinearen Differentialgleichungen und damit zu Abweichungen von der Gauß'schen Optik. Es ist nicht etwa so, daß nichtlineare Gleichungen eine andere Art der Abbildung liefern; Nichtlinearität bedeutet vielmehr, daß überhaupt keine Abbildung mehr stattfindet. Als Beispiel kann man eine Bahn $x(z)$ betrachten, die bei $z=z_o$ und bei $z=z_i$ Nullstellen hat, also die Achse schneidet. Ist die Bahngleichung linear, dann sind alle Bahnen, die bei z_o die Achse schneiden, von der Form const$\cdot x(z)$ und haben daher auch bei z_i eine Nullstelle. Dieses Verhalten nennt man Abbildung. Ist die Bahngleichung nichtlinear, dann funktioniert die Argumentation nicht mehr; von den

Bahnen, die bei z_o die Achse schneiden, hat nur eine, nämlich $x(z)$, bei z_i eine zweite Nullstelle. Die anderen Bahnen gehen an anderen Stellen ein zweites Mal durch die Achse, oder gar nicht. Außer bei z_o gibt es keinen Punkt, der allen Bahnen gemeinsam ist.

Im folgenden sollen die geometrischen Aberrationen nicht wirklich berechnet werden. Wir wollen nur untersuchen, welche Arten von Abweichungen überhaupt auftreten können. Das Verfahren ist nicht auf die Teilchenoptik beschränkt. Zur eindeutigen Festlegung einer Bahn $x(z)$, $y(z)$ kann man einen Satz von Anfangsbedingungen $x(z_o)$, $x'(z_o)$ und $y(z_o)$, $y'(z_o)$ an einer ausgewählten Stelle $z=z_o$ angeben. Es ist stattdessen üblich, neben den Anfangsorten der Bahn, $x_o=x(z_o)$ und $y_o=y(z_o)$, die Werte der Bahnkoordinaten $x_a=x(z_a)$ und $y_a=y(z_a)$ an einer zweiten Stelle $z=z_a$ festzulegen. Wenn z_o und z_a im linken feldfreien Gebiet einer optischen Anordnung liegen wie in Abb.2.21, dann ist das zweite Verfahren dem ersten offensichtlich völlig äquivalent. Das zweite Verfahren läßt aber mehr Möglichkeiten zu. Man kann etwa z_o als den Ort des Gegenstandes und z_a als den Ort einer mechanischen Blende betrachten, wie beim Fotoapparat. Dann liegt z_a im Inneren des Linsensystems. Man spricht von z_o und z_a auch als von Objekt- und Blendenebene und von den Bahnpunkten als den Durchstoßungspunkten durch die Ebenen.

Wir beschreiben eine Bahn wieder durch die komplexe Größe $u(z)=x(z)+iy(z)$ wie in Abb.2.9. $u(z)$ wird durch die Anfangswerte x_o, x_a, y_o, y_a eindeutig festgelegt

$$u(z) = g(z; x_o, x_a, y_o, y_a) = f(z; u_o, u_a, u_o^*, u_a^*) \qquad (2.69)$$

Dabei ist $u^*=x-iy$. f wird nach Potenzen der Größen u und u^* entwikkelt

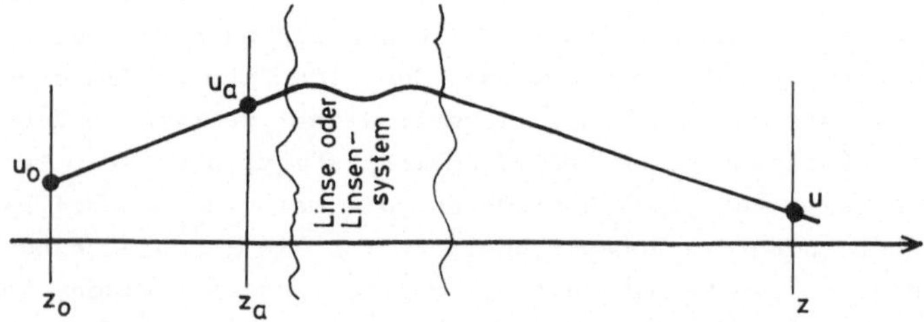

Abb.2.21 Festlegung einer Bahn durch die Angabe der Durchstoßungspunkte u_o und u_a durch Objekt- und Blendenebene, z_o und z_a

55

$$u(z) = \sum_{\alpha,\beta,\gamma,\delta \geq 0} c_{\alpha\beta\gamma\delta}(z)\ u_o^\alpha\ u_o^{*\beta}\ u_a^\gamma\ u_a^{*\delta} \qquad (2.70)$$

Eine Entwicklung nach u und u^* entspricht unmittelbar einer Entwicklung nach x und y, man braucht in Gl.2.70 nur auszumultiplizieren. Die Reihenentwicklung ist ganz analog zu den bisher immer durchgeführten Entwicklungen nach x, $\dot{x}$, y, $\dot{y}$, wir nehmen nun aber auch die höheren Terme mit.

Durch Symmetrieüberlegungen lassen sich Aussagen über die Koeffizienten c gewinnen. Für Systeme, die bei einer Drehung um 180° um die z-Achse in sich selbst übergehen, gilt, daß mit einer Bahn $u(z)$ auch die um 180° gedrehte Bahn, $-u(z)$, eine mögliche Bahn ist. Diese Aussage hat nichts mit der Frage nach der Linearität zu tun. Mit einer Änderung der Anfangsbedingungen $u_o \rightarrow -u_o$ und $u_a \rightarrow -u_a$ muß sich also die gesamte Bahn um 180° drehen, $u(z) \rightarrow -u(z)$. Einsetzen zeigt, daß das nur für solche Summanden in Gl.2.70 geht, die

$$\alpha + \beta + \gamma + \delta = 1,\ 3,\ 5,\ \ldots \qquad (2.71)$$

haben. Fordert man volle Rotationssymmetrie, dann muß mit einer Bahn $u(z)$ auch die um einen beliebigen Winkel Θ gedrehte Bahn $e^{i\Theta} \cdot u(z)$ eine wirklich vorkommende Bahn sein; zur Darstellung einer Drehung durch Multiplikation mit $e^{i\Theta}$ siehe Abb.2.9. Zu gedrehten Anfangswerten $e^{i\Theta}u_o$ und $e^{i\Theta}u_a$ gehört die gedrehte Bahn $e^{i\Theta}u(z)$,

$$u(z)e^{i\Theta} = \sum_{\alpha\beta\gamma\delta} c_{\alpha\beta\gamma\delta}\ u_o^\alpha\ u_o^{*\beta}\ u_a^\gamma\ u_a^{*\delta}\ e^{i\Theta(\alpha-\beta+\gamma-\delta)} \qquad (2.72)$$

Dies muß bei Rotationssymmetrie für jeden Wert von Θ gelten, und das geht nur, wenn

$$\alpha - \beta + \gamma - \delta = 1 \qquad (2.73)$$

Wir wollen Gl.2.70 zuerst nur bis zur ersten Ordnung, $\alpha+\beta+\gamma+\delta=1$, betrachten. Im rotationssymmetrischen Fall reduziert sie sich auf

$$u(z) = c_{1000}(z)\ u_o\ +\ c_{0010}(z)\ u_a \qquad (2.74)$$

Die anderen linearen Terme widersprechen Gl.2.73 und damit der Forderung nach Rotationssymmetrie. Man sieht nun leicht, daß aus Gl. 2.74 die Gesetze der Gauß'schen Optik folgen! Der entscheidende Punkt ist die Gültigkeit des Superpositionsprinzips; nach Gl.2.74 lassen sich alle Bahnen als Linearkombination der Bahnen $c_{1000}(z)$ und $c_{0010}(z)$ ausdrücken. Die Herleitung der Abbildungsgesetze geht ganz ähnlich wie in Abschnitt 2.2. Zur Illustration kann man $z=z_i$ so wählen, daß $c_{0010}(z_i)=0$. Dann gehört zu einem Punkt u_0 der Gegenstandsebene z_0 der Punkt $u(z_i)=c_{1000}(z_i)u_0$ in der Ebene z_i. $u(z_i)$ hängt vom Durchstoßungspunkt u_a durch die Blendenebene z_a nicht ab, alle Bahnen, die durch den Punkt u_0 der Gegenstandsebene gehen, gehen auch durch den Punkt $u_i=u(z_i)$ der Ebene z_i, der Bildebene. Der eine Punkt wird auf den anderen abgebildet. Ist c_{1000} reell, dann liegen Gegenstandspunkt, Bildpunkt und optische Achse in einer Ebene, ist c_{1000} komplex, dann ist das Bild gedreht. Wenn das System keine volle Rotationssymmetrie besitzt, sondern nur die Symmetrie der 180°-Drehung, dann treten Terme mit u_0^* und u_a^* zu Gl.2.74 hinzu. Man sieht leicht, daß das ein unterschiedliches Verhalten in unterschiedlichen Ebenen durch die optische Achse mit sich bringt wie wir es von den Quadrupollinsen kennen.

Alle Terme von höherer Ordnung in Gl.2.70 ergeben Abweichungen von der Gauß'schen Optik, Abbildungsfehler. Nach Gl.2.71 gibt es bei den betrachteten Systemen keine Abbildungsfehler zweiter Ordnung. Wir wollen die Abbildungsfehler dritter Ordnung nur für den Fall voller Rotationssymmetrie betrachten; die möglichen Terme sind

α	β	γ	δ	
1	1	1	0	Astigmatismus und Bildfeldkrümmung
2	0	0	1	
1	0	1	1	Koma
0	1	2	0	
0	0	2	1	Öffnungsfehler, sphärische Aberration
2	1	0	0	Verzeichnung

$$(2.75)$$

Die traditionellen Bezeichnungen der Zusatzterme sind ebenfalls angegeben.

Die Auswirkung der Zusatzterme soll nun am Beispiel des Öffnungsfehlers rotationssymmetrischer elektrischer Linsen diskutiert werden. Wir nehmen an, daß alle anderen Koeffizienten verschwinden. Die Abweichungen von der Gauß'schen Optik sind durch

$$u - u_{\text{Gauß}} = \Delta u = c_{0021} \cdot u_a^2 u_a^* = c_s \cdot u_a^2 u_a^* \qquad (2.76)$$

Gegeben. Drückt man die komplexe Größe u_a durch Betrag und Phase aus, $u_a = r_a e^{i\chi a}$, dann wird daraus

$$\Delta u = c_s r_a^3 e^{i\chi a} \qquad (2.77)$$

r_a ist der Achsabstand, mit dem die Blendenebene z_a passiert wird. Der Betrag der Abweichung von der Gauß'schen Bahn wächst mit der dritten Potenz von r_a. Elektrische Linsen erlauben Bahnen $u(z)$, die exakt völlig in der xz-Ebene verlaufen. Wenden wir Gl.2.77 auf eine solche Bahn an, dann sehen wir, daß c_s reell sein muß. Je nach Vorzeichen von c_s zeigen der Durchstoßungspunkt u_a einer Bahn und die Abweichung Δu von der Gauß'schen Bahn in die gleiche oder in die genau entgegengesetzte Richtung. Das durch Gl.2.77 beschriebene Verhalten ist für die Abbildung eines Achsenpunktes, $u_0=0$, in Abb. 2.22 illustriert. Die Blendenebene liegt am Rand des rechten feldfreien Gebietes, und c_s ist als negativ angenommen.

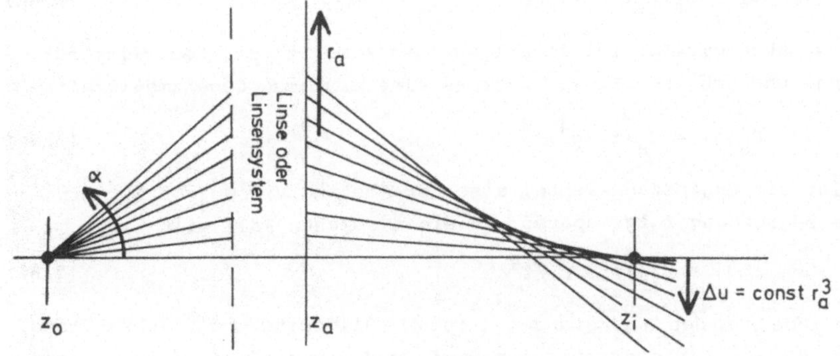

Abb. 2.22 Illustration der sphärischen Aberration

Der Wert der Konstanten c_s hängt noch von der Wahl der Ebenen z, z_a und z_0 ab. Von praktischem Interesse ist lediglich der Fall, daß $z=z_i$ die Bildebene von z_0 ist. Beschränkt man sich auf die Abbildung von Punkten auf der optischen Achse, wie in Abb.2.22, dann läßt sich auch die Abhängigkeit von z_a leicht entfernen. Es verlaufen dann alle Bahnen in einer Ebene mit der optischen Achse. Wir betrachten nur noch Bahnen mit $\chi_a=0$; das sind Bahnen in der xz-Ebene, die die Blendenebene mit $x>0$ durchlaufen. Wir führen statt des Achsabstandes r_a in der Blendenebene den Winkel α zwischen Bahn und Achse in der Gegenstandsebene ein, siehe Abb.2.22. Da r_a^3 bis auf Terme höherer Ordnung proportional zu α^3 ist, läßt sich Gl.2.77 nun wie folgt schreiben:

$$\Delta u = -c_s \frac{B}{G} \alpha^3 \tag{2.78}$$

B und G sind die Bild- und die Gegenstandsgröße bei der Abbildung von z_o nach z_i, sie sind hier zur Vereinfachung späterer Formeln eingeführt worden. Die neue Konstante C_s läßt sich für jeden konkreten Fall aus c_s berechnen. Besonders einfach geht das, wenn Objekt und Blende, anders als in Abb.2.22, beide im linken feldfreien Gebiet liegen, es gilt dann

$$C_s = -(z_a-z_o)^3 \frac{G}{B} c_s \tag{2.79}$$

Für jede Bahn $u(z)$ sind die Größen Δu, B/G und α in Gl.2.78 unabhängig von der Lage der Blendenebene; C_s ist es daher ebenfalls. C_s hängt aber nach wie vor von der Lage der Objektebene ab,

$$C_s = C_s(z_o) \tag{2.80}$$

Diese Abhängigkeit ist im allgemeinen kompliziert. Lediglich für dünne und schwache Linsen gibt es eine einfache Gesetzmäßigkeit

$$C_s(g) = C_s(f) \cdot g^4/f^4 \tag{2.81}$$

g ist die Gegenstandsweite, also der Abstand vom Objekt zur Linse. Die Begründung folgt später. In einem solchen Fall gilt

$$|\Delta u| = C_s(f) \, b \, r^3/f^4 \tag{2.82}$$

für jede Lage des Gegenstandes. b ist die Bildweite, r der Achsabstand, mit dem die Linse durchlaufen wird, und es ist $f_r = f_l = f$ angenommen.

Tabelliert wird im allgemeinen lediglich die Größe $C_s(f)$. Sie wird oft auch mit $C_s(\infty)$ oder C_s bezeichnet. Das Argument ∞ gibt die Bildweite statt der Gegenstandsweite an. Gilt Gl.2.81, dann ist damit der Öffnungsfehler für alle Objektlagen bekannt. Daten für einige rotationssymmetrische elektrische und magnetische Linsen zeigt Abb.2.23. Abb.2.24 zeigt eine elektrische Einzellinse. Nach Abb. 2.23a hat sie $C_s(f)=800$mm. Bei einer Abbildung mit $b=g=2f$ und voller Ausleuchtung der Eintrittsöffnung liefert Gl.2.82 $|\Delta u|=4$mm. Nützt man nur die Hälfte der Eintrittsöffnung aus, dann reduziert sich $|\Delta u|$ auf 0.5mm.

Um die Bildfehlerkonstanten aus der Linsenform zu berechnen, muß man sich die höheren Entwicklungsterme der Bahngleichungen besorgen. Dann führt eine einfache (aber langwierige) Störungsrechnung zu expliziten Ausdrücken. Für rotationssymmetrische elektrische Linsen gilt mit der Abkürzung

$$G(z) = (d/dz\sqrt{E-q\phi})/\sqrt{E-q\phi} \tag{2.83}$$

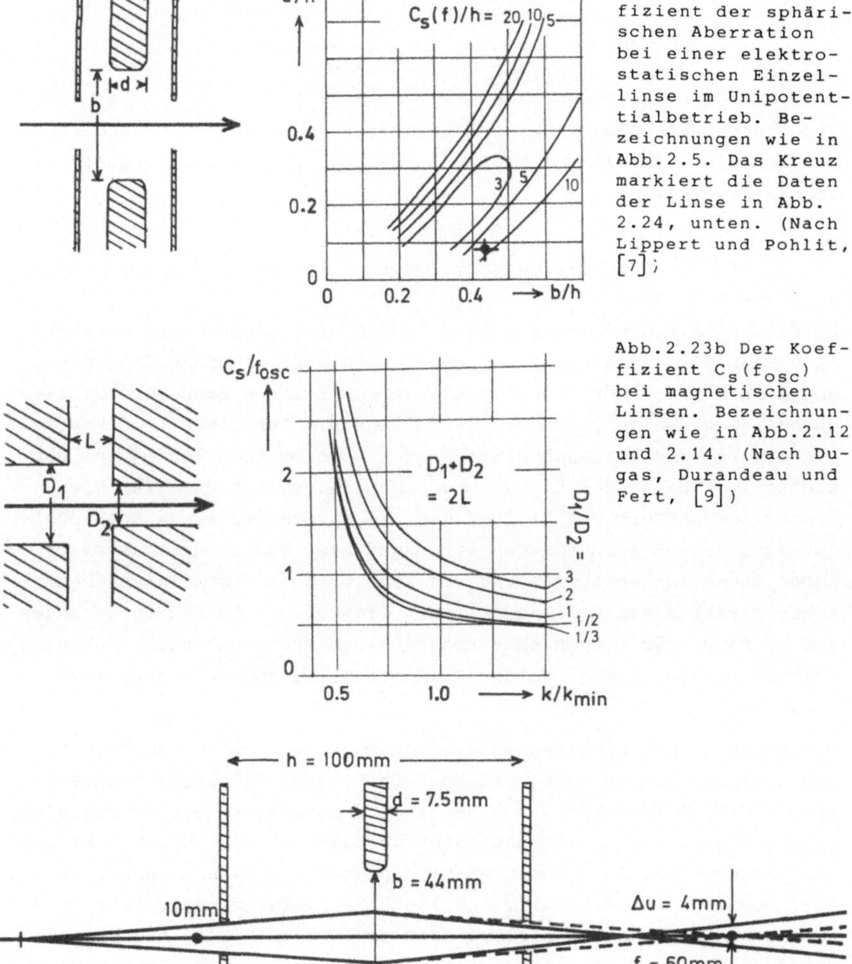

Abb.2.23a Der Koeffizient der sphärischen Aberration bei einer elektrostatischen Einzellinse im Unipotenttialbetrieb. Bezeichnungen wie in Abb.2.5. Das Kreuz markiert die Daten der Linse in Abb. 2.24, unten. (Nach Lippert und Pohlit, [7];

Abb.2.23b Der Koeffizient $C_S(f_{osc})$ bei magnetischen Linsen. Bezeichnungen wie in Abb.2.12 und 2.14. (Nach Dugas, Durandeau und Fert, [9])

Abb.2.24 Auswirkung der sphärischen Aberration bei einer elektrischen Einzellinse. Der Gauß'sche Strahlengang ist gestrichelt, der ungefähre Verlauf der wirklichen Bahn ist durchgezogen. Nutzt man statt der vollen Eintrittsöffnung nur die halbe aus, dann reduziert sich Δu auf 0.5mm.

$$C_s = \frac{1}{64\sqrt{E-q\phi(z_0)}} \int_{z_0}^{z_i} \sqrt{E-q\phi(z)}\; x^4 \left[4G'^2 + 3G^4 - 5G^2 G' - GG''\right] dz \qquad (2.84)$$

$x(z)$ ist diejenige Gauß'sche Bahn, die $x(z_0)=0$, $x'(z_0)=1$ hat. Für eine dünne und schwache Linse ist $x(z) \approx g$ im gesamten Integrationsbereich; daraus folgt Gl.2.81. Gl.2.84 erlaubt eine Umformung, die sie in die Form

$$C_s = \int_{z_0}^{z_i} \text{(positive Beiträge)}\, dz \qquad (2.85)$$

bringt. C_s ist also immer positiv! Der Schnittpunkt einer tatsächlichen Bahn mit der Achse liegt wie in Abb.2.22 grundsätzlich näher an der Linse als der Schnittpunkt der Gauß'schen Bahn. Die Gleichung besagt weiter, daß man den Öffnungsfehler eines Linsensystems nicht durch die Hinzunahme weiterer Linsen beheben kann, vielmehr wächst $|C_s|$ bei jeder hinzukommenden Linse weiter an. Eine Gleichung in der Form von Gl.2.85 und die daraus gezogenen Schlußfolgerungen gelten auch für den Öffnungsfehler von rotationssymmetrischen magnetischen Linsen und von Kombinationen rotationssymmetrischer elektrischer und magnetischer Linsen. Die Schlussfolgerungen gelten nicht für Linsen ohne Rotationssymmetrie und nicht für elektrische Linsen, bei denen das Feld mit Hilfe von Netzen erzeugt wird.

Die Tatsache, daß der Öffnungsfehler nicht ohne weiteres zum Verschwinden gebracht werden kann, ist von erheblicher Bedeutung, zum Beispiel für die Funktionsweise des Elektronenmikroskops. Im Prinzip ist es möglich, den Öffnungsfehler zu kompensieren. Man hat zu diesem Zweck Oktupolfelder eingesetzt, Anordnungen wie in Abb.2.16, aber mit acht Elektroden. Die Feldstärke steigt mit der dritten Potenz des Achsabstandes an, die Gauß'schen Bahnen sind daher einfach Geraden. Das Feld produziert aber Abbildungsfehler dritter Ordnung, die den oben genannten Beschränkungen nicht unterworfen sind.

Die Beschränkung der Diskussion der Abbildungsfehler auf den Öffnungsfehler ist für einen Strahlengang wie in Abb.2.22 völlig gerechtfertigt. Alle anderen Abbildungsfehler der Tabelle Gl.2.75 enthalten u_0 oder u_0^* in der ersten oder zweiten Potenz, für $u_0=0$ ergeben sie keinen Beitrag zur Abweichung der Gauß'schen von der wahren Bahn. Abb.2.22 bleibt von einer Berücksichtigung der anderen

Abbildungsfehler unberührt. Für die Abbildung achsenferner Punkte
sind auch die anderen Abbildungsfehler von Bedeutung. Ihre Auswirkungen lassen sich analog zu denen des Öffnungsfehlers diskutieren.
Die Abbildungsfehler im rotationssymmetrischen Magnetfeld unterscheiden sich von denen im elektrischen Feld dadurch, daß die Koeffizienten $c_{\alpha\beta\gamma\delta}$ nicht reell sind (fehlende Spiegelsymmetrie, siehe
Abschnitt 3.5). Das beeinflußt die geometrische Bedeutung und än-
dert die Klassifizierung. Bei Quadrupol- und Schlitzlinsen gibt es
noch weitere Typen von Abbildungsfehlern. Ausführliche Diskussionen
dieser Fragen und weitere Daten findet man in der Literatur, zum
Teil schon in Büchern über geometrische Lichtoptik.

2.8   Der Phasenraum

Zur weiteren Veranschaulichung der Bewegung eines Teilchens mit den
Koordinaten x, y, z kann man den Phasenraum mit den sechs Koordinaten x, y, z, p_x, p_y, p_z ($p_x=m\dot{x}$ usw. sind die Impulskomponenten) benutzen. Die Angabe eines Punktes im Phasenraum ist gleichbedeutend
mit der Angabe der sechs Anfangswerte der Bahnbewegung. Die zeitli-
che Bewegung eines Punktes im Phasenraum ist daher durch die Angabe
seines Anfangsortes eindeutig festgelegt. Man kann eine statisti-
sche Verteilung von Punkten im Phasenraum betrachten und ihre zeit-
liche Entwicklung verfolgen. Es gilt der Satz von Liouville:
Punkte im Phasenraum, die zur Zeit t=0 ein Phasenraumvolumen V
gleichmäßig ausfüllen, füllen zu jeder anderen Zeit ein ebenso
großes Volumen gleichmäßig aus.
Abb.2.25 und 2.26 veranschaulichen diesen Satz. Für die von uns betrachteten Bewegungstypen ist die z-Bewegung unabhängig von der x-

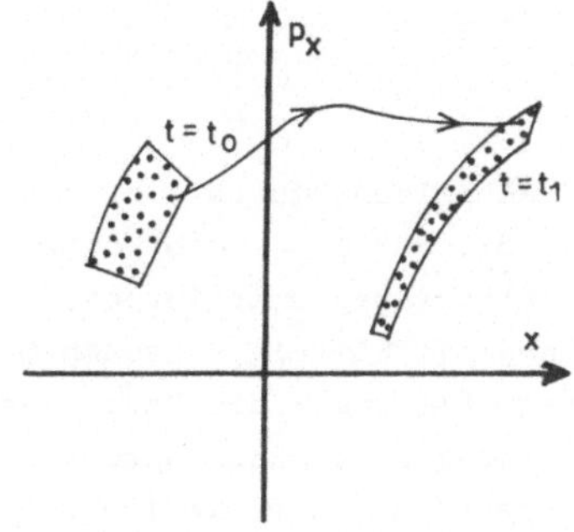

Abb.2.25 Erhaltung des
Phasenraumvolumens

und der y-Bewegung, jedenfalls im Rahmen der linearen Näherung. Der
Satz von Liouville gilt damit für den zweidimensionalen Phasenraum
der z-Bewegung und den vierdimensionalen der x- und y-Bewegung getrennt. Das Phasenraumvolumen V läßt sich als Produkt schreiben,
$V=V_z \cdot V_{xy}$, die Faktoren bleiben einzeln konstant. Zur Konkretisie-
rung kann man für V_z eine rechteckige Begrenzung wählen, z .. z+Δz,
p_z .. $p_z+\Delta p_z$. Bei einer Beschleunigung ändern sich zwar Δz und Δp_z
einzeln, aber ihr Produkt $V_z=\Delta z\Delta p_z$ bleibt konstant. Δz ändert sich
übrigens ebenso wie die Länge einer Autokolonne: bei beschränkter
Geschwindigkeit ist sie kurz, bei großer Geschwindigkeit lang. Die
Beziehung

$$V_{xy} = \text{const} \tag{2.86}$$

nimmt für eine rechteckige Begrenzung (x .. x+Δx u.s.w.) die Form

$$\Delta x\ \Delta y\ \Delta p_x\ \Delta p_y = \text{const} \tag{2.87}$$

an. Wir führen die Bezeichnungen

$$\alpha_x = p_x/p_z\ ,\qquad \alpha_y = p_y/p_z \tag{2.88}$$

ein. α sind in linearer Näherung die Winkel zwischen der z-Achse
und der x- bzw.y-Komponente der Bahn. Gl.2.87 wird damit zu

$$\Delta x\ \Delta y\ \Delta\alpha_x\ \Delta\alpha_y\ m^2v^2 = \text{const} \tag{2.89}$$

$v=p_z/m=\dot{z}$ ist die z-Komponente der Geschwindigkeit, $mv^2/2$ ist die
kinetische Energie. Verwendet man im magnetischen Fall das mitdre-
hende Koordinatensystem X, Y (wir schreiben weiter x, y auch für
diesen Fall), dann sind in allen bisher behandelten Fällen auch die
x- und die y- Bewegung unabhängig. Das Phasenraumvolumen läßt sich
in x- und y-Anteile zerlegen, die einzeln konstant bleiben

$$V_x = \text{const}$$

$$\Delta x\ \Delta\alpha_x\ mv = \text{const} \tag{2.90}$$

Das ist in Abb.2.26 für den Fall der 1:1-Abbildung durch eine dünne
Linse illustriert. Man stelle sich etwa vor, daß der abgebildete
Gegenstand eine gleichmäßig leuchtende (Elektronen emittierende)
Fläche ist, und daß von jedem Punkt Bahnen mit Winkeln zwischen O
und $\Delta\alpha$ ausgehen. Das Volumen im Phasenraum hat immer die Form eines
Parallelogramms; die Fläche des Parallelogramms ist konstant. Man
sieht, daß die Angabe des Volumens im Phasenraum einen Teilchen-

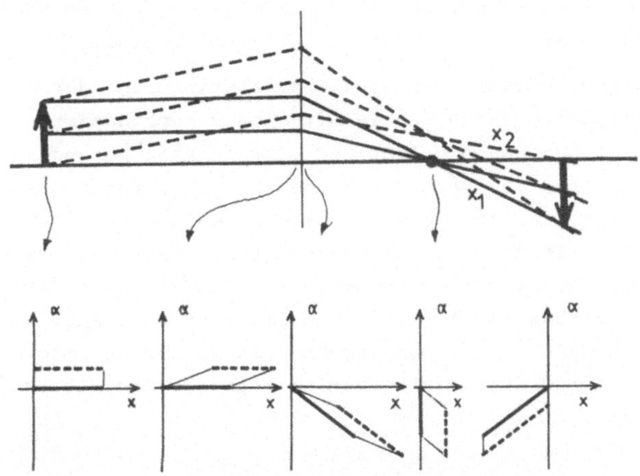

Abb. 2.26 Entwicklung des Phasenraumvolumens bei der 1:1-Abbildung durch eine dünne Linse. Statt p_x ist als zweite Koordinate $\alpha_x = p_x/p_z$ dargestellt.

strahl viel vollständiger charakterisiert als die Angabe solcher Größen wie "Breite" oder "Winkeldivergenz".

Es ist üblich, zur Charakterisierung der Eigenschaften eines Teilchenstrahls noch eine etwas anders definierte Invariante, den "Richtstrahlwert" β (englisch "brightness"), einzuführen. Die exakte Definition ist: Richtstrahlwert = Teilchenstrom durch Phasenraumvolumen V_{xy} mal p_z^2. Bei einer rechtwinkligen Begrenzung des Phasenraumvolumens kann man das anschaulicher ausdrücken, β ist dann gegeben als Strom durch Strahlquerschnitt durch Raumwinkelbereich,

$$\beta = I/(\Delta x \Delta y \Delta\alpha_x \Delta\alpha_y) = I/(\Delta\Omega\Delta F) \qquad (2.91)$$

Der Strom I in einer blendenfreien optischen Anordnung ist konstant, der Nenner in Gl.2.91 ist proportional zu $1/v^2$, d.h. der Richtstrahlwert ist proportional zur kinetischen Energie. Das bleibt aber auch noch richtig, wenn man Blenden in den Strahlengang bringt! Setzt man zum Beispiel in Abb.2.26 in den rechten Brennpunkt eine Blende, die die halbe Höhe der Strahlhöhe Δx hat, dann werden gleichzeitig der Strom und der Strahlquerschnitt halbiert, der Richtstrahlwert bleibt ungeändert. Das bedeutet, daß man β am Beginn eines Strahlenganges ausrechnen kann, der Wert bleibt durch

den ganzen Strahlengang konstant, lediglich beim Beschleunigen oder
Abbremsen ändert sich β proportional zur kinetischen Energie.

Man verwendet den Richstrahlwert auch zur Charakterisierung der
Qualität einer Strahlquelle. Eine Quelle mit großem β produziert
einen Strahl, der sich gut bündeln läßt; ΔF oder $\Delta\Omega$ kann besonders
klein gemacht werden, ohne daß dazu der Strom I stark herunterge-
setzt zu werden braucht. Den typischen Richtstrahlwert einer Elekt-
ronenstrahlquelle, die mit einer thermischen Kathode arbeitet, kann
man wie folgt abschätzen. Ein Erfahrungswert für das Emissionsver-
mögen einer solchen Kathode ist $10A/cm^2$. Die emittierten Elektronen
fliegen in alle Richtungen, $\Delta\Omega$ hat an der Oberfläche der Kathode
die Größenordnung 1 sterad. Der Richtstrahlwert an der Oberfläche
der Kathode berechnet sich zu

$$\beta = \frac{10A/cm^2}{\Delta F}\frac{\Delta F}{1 sterad} = 10A/cm^2 sterad \qquad (2.92)$$

Die Elektronen entstehen mit der Energie, die der Temperatur der
glühenden Kathode entspricht, $E_{kin} \approx 1eV$. Beschleunigt man auf 10keV,
(Oszillograf, Fernsehapparat, Elektronenmikroskop), dann bekommt man

$$\beta = 10^5 A/cm^2 sterad \qquad (2.93)$$

Wesentlich höhere Richtstrahlwerte lassen sich bei dieser Energie
mit thermischen Kathoden nicht erreichen. Feldemissionskathoden
kommen bis zu $10^8 A/cm^2$ sterad bei 10keV.

Im Prinzip ist der Richtstrahlwert bis auf die Energieabhängigkeit
unter allen Umständen konstant. In der Praxis muß man damit rechnen, daß der effektive Richtstrahlwert sich längs eines Strahlenganges ständig vermindert. Das kommt folgendermaßen zustande. Das
tatsächliche Phasenraumvolumen bleibt wirklich konstant. Durch Abbildungsfehler oder Ähnliches wird die Begrenzungsfläche des Volumens derart kompliziert, daß es sich nicht mehr in eine einfache
Form zurückbringen läßt. Praktisch verwertbar ist dann nur noch
ein umfassendes, das heißt größeres, Volumen mit einfacherer Form.
Der Effektivwert des Richtstrahlwertes ist größer geworden.

Eine weitere wichtige Anwendung der Begriffsbildungen liegt in der
Möglichkeit, die Durchführbarkeit einer gestellten optischen Aufgabe zu beurteilen. So ist es wegen der Konstanz von β unmöglich,
Breite und Winkeldivergenz eines Strahls gleichzeitig und bei ungeänderter Strahlintensität zu verringern; bei einer der drei Größen

muß man eine nachteilige Entwicklung in Kauf nehmen. Zum Beispiel
ist es nicht möglich, einen reellen Strahl auf einen Punkt abzubil-
den. Man kann nur eine - allerdings beliebig - kleine Fläche erreichen, indem man durch geeignetes Ausblenden auf einen Teil der
Strahlintensität verzichtet, oder indem man eine große Winkeldivergenz in diesem Punkt in Kauf nimmt. Ganz analoge Probleme hat man
bei der Aufgabe, einen Parallelstrahl herzustellen.

Die dargestellten Zusammenhänge beruhen auf sehr allgemeinen Ge-
setzmäßigkeiten. Sie sind nicht auf die Teilchenoptik beschränkt,
ähnliche Gesetze wie die durch Gl.2.86 - 2.89 ausgedrückten gelten
auch für die Lichtoptik. Man kann einen sehr allgemeinen Beweis für
diese Gleichungen angeben, der sich nur auf den zweiten Hauptsatz
der Wärmelehre stützt. Ein weiterer, aber viel speziellerer Beweis,
der darauf beruht, daß die Bahnen Lösungen bestimmter linearer Differentialgleichungen sind, soll kurz anhand von Abb.2.26 skizziert
werden.

Die Parallelogramme im x/α_x-Diagramm der Abbildung sind durch zwei
ausgezeichnete Bahnen vollständig charakterisiert; das sind die
Bahnen, die mit x_1 und x_2 gekennzeichnet sind, sie gehören immer zu
zwei Eckpunkten der Parallelogramme. Die Flächen der Parallelogramme sind durch die Determinanten

$$W = \begin{vmatrix} x_1 & , & \alpha_{x_1} \\ x_2 & , & \alpha_{x_2} \end{vmatrix} = \begin{vmatrix} x_1 & , & x_1' \\ x_2 & , & x_2' \end{vmatrix} \tag{2.94}$$

gegeben. Die Fläche eines von zwei Vektoren in einem zweidimensionalen Raum aufgespannten Parallelogramms ist immer gleich der aus
den Komponenten gebildeten Determinante. Die Bahnen x_1 und x_2 gehorchen einer Differentialgleichung wie in Gl.2.10. Die Determinante in Gl.2.94 ist die Wronskideterminante, die der bekannten Beziehung nach Gl.2.17 gehorchen muß, $W=\mathrm{const}\cdot\exp(-\int p dz)$. Setzt man die
Funktion p für die behandelten Fälle ein, dann bekommt man wieder
die Gleichungen 2.90.

2.9 Optik im relativistischen Bereich

An der bisherigen Behandlung ändert sich nur wenig. Wir besprechen
als erstes die Bewegung im rotationssymmetrischen Magnetfeld etwas
ausführlicher. Die relativistische Bewegungsgleichung unterscheidet
sich von der klassischen Gl.2.26 lediglich dadurch, daß links nicht
$m\ddot{x}$, $m\ddot{y}$, $m\ddot{z}$ steht, sondern $d/dt\,m\dot{x}$, $d/dt\,m\dot{y}$ und $d/dt\,m\dot{z}$, mit

$$m = m_o\,(1-v^2/c^2)^{-1/2} \qquad (1.2)$$

In linearer Näherung, d.h. bei Vernachlässigung von Termen wie $\dot{x}^2$
ist

$$v = \sqrt{\dot{x}^2+\dot{y}^2+\dot{z}^2} = \dot{z} \qquad (2.95)$$

Die relativistische Version für die Bewegungsgleichung der z-Koordinate lautet in linearer Näherung, entsprechend Gl.2.26

$$d/dt\,m\dot{z} = 0 \qquad (2.96)$$

Daraus folgt

$$\dot{z} = \text{const}, \quad m = \text{const} \qquad (2.97)$$

wie im nichtrelativistischen Fall. Die Masse m ist zwar ungleich
der Ruhemasse, aber konstant. Die Bahngleichungen Gl.2.28 der
nichtrelativistischen Behandlung sind nach wie vor gültig, für Masse und Geschwindigkeit sind die richtigen relativistischen Werte
einzusetzen. Unter dieser Voraussetzung bleiben alle Formeln in den
Abschnitten 2.4 und 2.5 ab Gl.2.23 gültig. Dieselbe Argumentation
und dieselben Schlußfolgerungen treffen für die elektrischen und
magnetischen Quadrupollinsen zu. So bleiben Gl.2.57 bis 2.62 richtig,
allerdings ist $mv^2/2$ in Gl.2.58 nicht mehr die kinetische Energie.

Etwas schwieriger ist die Behandlung der rotationssymmetrischen
elektrischen Linsen, da hier die z-Komponente der Geschwindigkeit
variabel ist. Die Bewegungsgleichung der z-Koordinate lautet entsprechend Gl.2.5 in linearer Näherung

$$d/dt\,m\dot{z} = -q\phi' \qquad (2.98)$$

Mit Hilfe der Identität

$$\dot{z}\,d/dt\,(m\dot{z}) = d/dt\,(mc^2) \qquad (2.99)$$

läßt sie sich integrieren und ergibt die linearisierte Version des
relativistischen Energiesatzes

$$(m-m_o)\,c^2 + q\phi = m_o c^2(1/\sqrt{1-\dot{z}^2/c^2}\ -1) + q\phi = E = \text{const} \qquad (2.100)$$

Der erste Summand, $(m-m_0)c^2$, ist der relativistische Ausdruck für
die kinetische Energie, $\phi=\phi(z)$ ist entsprechend der linearen Näherung das Potential auf der Achse, und E ist die Gesamtenergie. Die
letzte Gleichung läßt sich nach $\dot{z}$ auflösen; so kann man die Geschwindigkeit $v=\dot{z}$ für jeden Ort z angeben. Schließlich kann man die
uninteressante Zeitabhängigkeit aus den Bewegungsgleichungen für
die Koordinaten x und y entfernen. Der Gang der Rechnung ist völlig
analog zum nichtrelativistischen Fall. Man erhält als Bahngleichung, zum Beispiel für die Koordinate x

$$\sqrt{(E-q\phi)(2m_0c^2+E-q\phi)}\;\frac{d}{dz}\sqrt{(E-q\phi)(2m_0c^2+E-q\phi)}\;\frac{dx}{dz} \;-$$

$$-\frac{q}{2}\;\phi''\;(m_0c^2+E-q\phi)\cdot x \;=\; 0 \qquad (2.101)$$

Die kompliziert aussehenden Wurzelausdrücke sind bis auf einen konstanten Faktor c gleich dem Impuls $m\dot{z}$; die Größe $E-q\phi$, die im Koeffizienten bei x auftaucht, ist nach wie vor die kinetische Energie.
Die Größen sind in der Gleichung explizit als Funktionen von z ge-
schrieben.

Die allgemeinen Abbildungsgesetze gelten wegen der Linearität der
Bahngleichung natürlich weiter. Die Wronskideterminante zweier Lösungen von Gl.2.101 muß wieder der Gl.2.17 genügen, man findet

$$W(z) \;=\; const/\sqrt{(E-q\phi)(2m_0c^2+E-q\phi)} \;=\; const/mv \qquad (2.102)$$

Daher verhalten sich die rechts- und die linksseitigen Brennweiten
einer elektrostatischen Immersionslinse wie die Impulse rechts und
links (Argumentation wie in Abschnitt 2.2). Die qualitative Bahn-
diskussion aus Abschnitt 2.3 läßt sich leicht auf den relativistischen Fall übertragen, konkrete Linsendaten ändern sich natürlich.

Das Phasenraumvolumen bleibt auch bei einer relativistischen Bewegung erhalten, die Gleichungen 2.86 bis 2.90 bleiben ungeändert
gültig. Man muß nun natürlich die Veränderlichkeit der Masse berücksichtigen. Der Richtstrahlwert ist wie für die klassische Bewegung definiert. Bei einer Energieänderung wächst der Richtstrahlwert proportional zum Quadrat des Impulses, nicht proportional zur
Energie. Um die Konstanz des Phasenraumvolumens zu begründen, kann
man auch hier wieder den Satz von Liouville heranziehen, aber das
wird nun recht aufwendig. Wesentlich einfacher kommt man zum gewünschten Ergebnis, wenn man so wie im letzten Absatz von Ab-

schnitt 2.8 vorgeht.

Die Klassifizierung der Abbildungsfehler nach Abschnitt 2.7 gilt
für jede Bahnbewegung, also auch für die relativistische. Die Gültigkeit der Ähnlichkeitsgesetze wurde schon in Abschnitt 1.2 besprochen.

2.10   Transfermatrizen

Die Beschreibung zusammengesetzter optischer Systeme mit Hilfe von
Kardinalelementen wird mit wachsender Zahl der Komponenten immer
unübersichtlicher. Man verwendet dann besser einen Matrizenforma-
lismus zur Charakterisierung von Abbildungseigenschaften. Wir beschränken uns auf die Gauß'sche Optik, man kann aber auch Abbildungsfehler so erfassen.

Wir legen die Bahn oder Bahnkomponente $x(z)$ durch die Angabe von
Anfangswerten $x(z_1)$ und $x'(z_1)$ an einem Ort z_1 fest. Die Werte
$x(z_2)$ und $x'(z_2)$ an einem Ort z_2 lassen sich linear durch die Werte
bei z_1 ausdrücken,

$$x(z_2) \;\; = T_{11}\, x(z_1) \;+\; T_{12}\, x'(z_1)$$

$$x'(z_2) = T_{21}\, x(z_1) \;+\; T_{22}\, x'(z_1) \tag{2.103}$$

Entsprechende Gleichungen gelten für die Bahnkomponente $y(z)$. Dabei
ist angenommen, daß x- und y-Bewegung entkoppelt sind; die Erweiterung ist einfach. Die Matrix

$$T(z_2,z_1) = \begin{pmatrix} T_{11} & T_{12} \\ T_{21} & T_{22} \end{pmatrix} \tag{2.104}$$

heißt die Transfermatrix von z_1 nach z_2. Den Übergang von z_2 nach
z_3 kann man durch eine Transfermatrix $T(z_3,z_2)$ beschreiben, und man
überzeugt sich leicht, daß zu dem Transfer von von z_1 nach z_3 das
Matrizenprodukt gehört

$$T(z_3,z_1) = T(z_3,z_2)\, T(z_2,z_1) \tag{2.105}$$

Die Determinante einer Transfermatrix $T(z_2,z_1)$ ist gleich dem Verhältnis der Teilchenimpulse bei z_1 und z_2, also außer bei Immersionslinsen gleich Eins. Man beweist die Aussage ähnlich wie Gl.2.19,
wieder mit Hilfe der Wronskideterminante.

Ist das Element T_{12} einer Transfermatrix $T(z_2,z_1)$ Null, dann liegt eine Abbildung von z_1 nach z_2 vor. Alle Bahnen, die bei z_1 den Wert x_1 haben, haben bei z_2 den Wert $T_{11}x_1$, unabhängig von ihrer Steigung. T_{11} mißt die Vergrößerung. Ist $T_{21}=0$, dann nennt man das optische System ein Teleskop. Ein Teleskop macht aus einem Parallelstrahl links, $x'(z_1)=0$, einen Parallelstrahl rechts, $x'(z_2)=0$. Nach Gl.2.14 hat ein Teleskop die Brennweite $f=\infty$; das bewirkt aber kein grundlegend anderes Verhalten als bei normalen Systemen.

Beispiele

a) <u>Laufraum</u> der Länge L

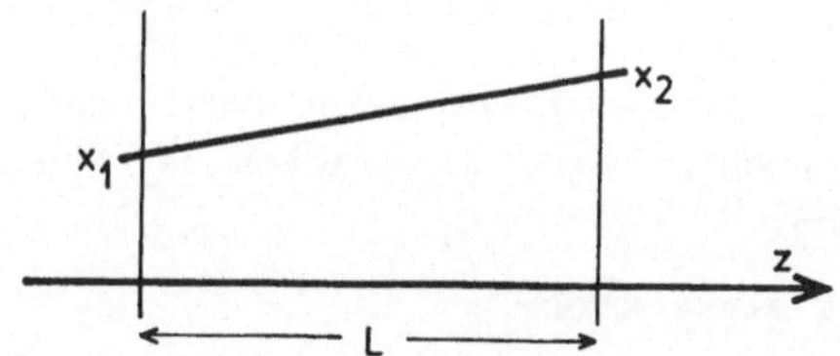

Abb.2.27

Es ist

$$x_2' = x_1'$$
$$x_2 = x_1 + Lx_1'$$

$$T = \begin{pmatrix} 1 & L \\ 0 & 1 \end{pmatrix} \qquad (2.106)$$

b) Kann man an ein <u>Teleskop</u> rechts und links Laufräume anschließen, derart daß der Anfang des linken auf das Ende des rechten Laufraums abgebildet wird? Ja, wenn in der Transfermatrix

$$\begin{pmatrix} 1 & L_r \\ 0 & 1 \end{pmatrix} \begin{pmatrix} T_{11} & T_{12} \\ 0 & T_{22} \end{pmatrix} \begin{pmatrix} 1 & L_l \\ 0 & 1 \end{pmatrix} = \begin{pmatrix} T_{11} & T_{12}+T_{11}L_l+T_{22}L_r \\ 0 & T_{22} \end{pmatrix} \qquad (2.107)$$

das Matrixelement rechts oben durch eine geeignete Kombination von L_l und L_r zu Null gemacht werden kann.

c) <u>Dünne Linse</u>

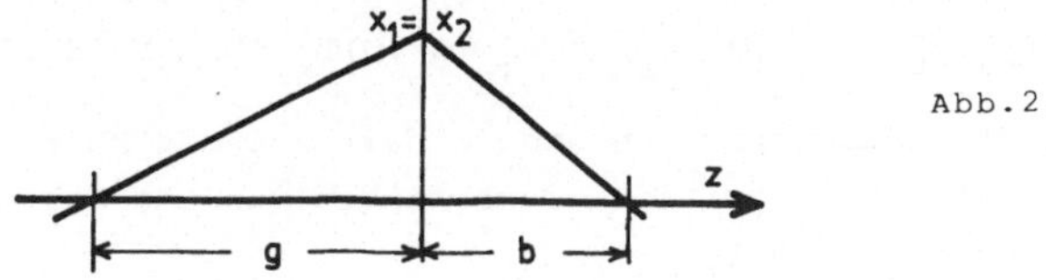

Abb.2.28

Es soll der Übergang von unmittelbar links nach unmittelbar rechts der Linse beschrieben werden. Die folgende kurze Rechnung verwendet die Abbildungsgleichungen, Gl.2.16

$$x_2 = x_1$$

$$x_2' = -x_2/b = -x_1/b = -x_1/f_r \cdot f_r/b = -x_1/f_r(1-f_1/g) = -x_1/f_r + x_1' \cdot f_1/f_r$$

$$T = \begin{pmatrix} 1 & 0 \\ -1/f_r & f_1/f_r \end{pmatrix} \qquad (2.108)$$

Daraus lassen sich natürlich die Abbildungsgleichungen zurückgewinnen. Das geht genau wie unter (b).

d) Transfer über die Strecke L in der fokussierenden Ebene eines Quadrupols. Die Bahnen werden durch Linearkombinationen der Funktionen sinkz und coskz beschrieben.

$$x(z) = coskz \; x(0) + 1/k \; sinkz \; x'(0)$$

$$x'(z) = -k \; sinkz \; x(0) + coskz \; x'(0)$$

$$T_k(L,0) = \begin{pmatrix} coskL & 1/k \; sinkL \\ -k \; sinkL & coskL \end{pmatrix} \qquad (2.109)$$

Die Matrix für den Transfer von z nach z+L sieht genauso aus. Die gleichen Beziehungen gelten im homogenen Magnetfeld für die Funktion w(z) beziehungsweise für die Projektionen X(z) und Y(z) auf die mitdrehenden Koordinatenrichtungen.

e) Wir berechnen die optischen Eigenschaften der durch Gl.2.49 beschriebenen langen magnetischen Linse. Die Bahnen w(z) sind im linken Bereich (z<0) Linearkombinationen von $sink_1z$ und $cosk_1z$ und im rechten Bereich von $sink_rz$ und $cosk_rz$. k_r und k_1 berechnet man nach Gl.2.38. Sie sind proportional zu den Werten der Feldstärke rechts und links, B_r und B_1. Bei z=0 schließen die beiden Lösungstypen stetig und mit stetiger Steigung aneinander an. Die Transfermatrix von $z=-L_1$ bis $z=+L_r$ läßt sich als Produkt zweier Matrizen der Form der Gl.2.101 schreiben,

$$T(L_r, \; L_1) = T_{k_r}(L_r,0)\,T_{k_1}(0,-L_1) = T_{k_r}(L_r,0)\,T_{k_1}(L_1,0) \qquad (2.110)$$

Setzt man die expliziten Ausdrücke ein und fordert daß das Matrixelement T_{12} des Produktes verschwindet, dann findet man die Bedingung für Abbildung von $-L_1$ nach L_r:

$$\tan k_r L_r = -k_r/k_1 \cdot \tan k_1 L_1 \tag{2.111}$$

und die Vergrößerung

$$T_{11} = B/G = \cos k_r L_r / \cos k_1 L_1 \tag{2.112}$$

<u>Beispiele zum Selbermachen</u>: Abb.2.8, 2.18-2.20, 3.6, 3.21, Gl.2.64.

2.11 Weitere Anwendungsbeispiele

Die in der Physik wichtigsten Anwendungen teilchenoptischer Methoden betreffen wohl Strahltransportprobleme, Beispiele zeigen Abb.
1.2, 2.8, 2.19, 2.20. Einige andere Anwendungen sollen hier besprochen werden.

a) <u>Transmissionselektronenmikroskop</u>

Der Strahlengang ist mit dem beim Lichtmikroskop weitgehend identisch. Die wichtige Ausnahme ist, daß das erreichbare Auflösungsvermögen, anders als beim Lichtmikroskop, erheblich von der sphärischen Aberration beeinflußt wird. Wir betrachten den Strahlengang
in der Nähe der Objektivlinse, Abb.2.29. Der Gegenstand ist nahezu
im Brennpunkt, das Bild befindet sich sehr weit rechts. Nach Gl.
2.78 und 2.16 ergibt sich wegen der sphärischen Aberration in der
Bildebene statt eines abzubildenden Punktes ein Fleck mit dem Radius

$$\Delta r_s = \frac{b}{f} \, C_s(f) \, \alpha^3 \tag{2.113}$$

Eine zweite, unabhängige Ursache dafür, daß man statt eines Punktes
einen Fleck bekommt, ist die Beugung an der Blendenöffnung. In der

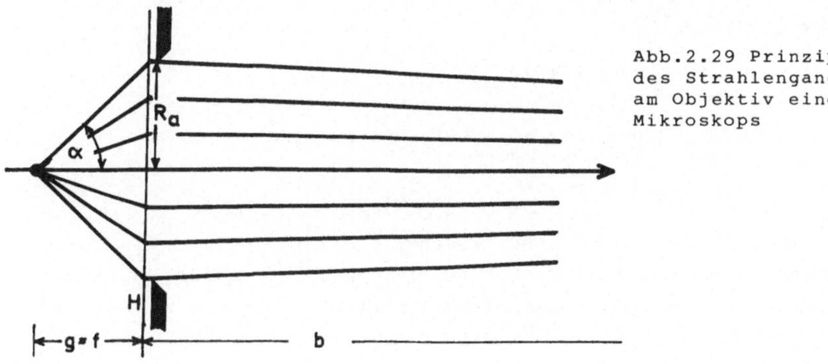

Abb.2.29 Prinzip
des Strahlengangs
am Objektiv eines
Mikroskops

Abbildung ist angenommen, daß die Hauptebene der Linse und die Blendenöffnung praktisch zusammenfallen. Ohne Öffnungsfehler würde man aufgrund der Beugung statt eines Punktes einen Fleck mit dem Radius Δr_b bekommen,

$$\Delta r_b \approx b \, \frac{\lambda}{R_a} \approx \frac{b}{f} \, \frac{\lambda}{\alpha} \tag{2.114}$$

λ ist die Wellenlänge, beim Elektronenmikroskop die deBroglie-Wellenlänge der Elektronen. Für 10keV-Elektronen ist $\lambda \approx 10^{-11}$m. Insgesamt ergibt sich durch die beiden Effekte statt eines Punktes ein Fleck mit einem Radius $\Delta r \approx \Delta r_s + \Delta r_b$. Zwei Gegenstandspunkte im Abstand d sind in der Bildebene noch getrennt erkennbar, wenn der Bildabstand, $\frac{B}{G} d = \frac{b}{f} d$, größer als Δr ist. Der kleinste noch auflösbare Abstand ist daher

$$d = C_s \alpha^3 + \lambda \alpha^{-1} \tag{2.115}$$

d hängt von dem Winkel α ab. Beim Lichtmikroskop ist $C_s \approx 0$, den kleinstmöglichen Wert für d bekommt man für den größtmöglichen Winkel α, praktisch $\alpha \approx 1$. Beim Lichtmikroskop ist $\lambda \approx 5 \cdot 10^{-7}$m, das ist gleichzeitig die Größenordnung des kleinsten mit dem Lichtmikroskop auflösbaren Abstandes. Wären Elektronenlinsen mit $C_s = 0$ herstellbar, dann läge die Auflösungsgrenze des Elektronenmikroskops bei 10^{-11}m oder darunter, je nach Wellenlänge. Tatsächlich ist der kleinste erreichbare Wert für C_s etwa 1mm ($C_s \gtrsim f$ nach Abb.2.23 und $f \gtrsim 1$mm nach Gl.2.50 für magnetische Linsen). Das Minimum der Funktion $d(\alpha)$ in Gl.2.115 liegt dann bei

$$\alpha_{min} = 0.76 \, \lambda^{1/4} C_s^{-1/4} \quad , \tag{2.116}$$

der Minimalwert ist

$$d_{min} = 1.75 \, C_s^{1/4} \lambda^{3/4} \tag{2.117}$$

Die numerischen Werte für 10keV-Elektronen sind

$$\alpha_{min} \approx 10^{-2} \approx 0.5^{\circ} \quad , \qquad d_{min} \approx 10^{-9} m \tag{2.118}$$

Der auffälligste Unterschied zwischen den Strahlengängen beim Lichtmikroskop und beim Elektronenmikroskop ist tatsächlich der viel kleinere Winkel α ("numerische Apertur") beim letzteren. Eine Auflösung von einigen 10^{-10}m wird tatsächlich erreicht.

b) <u>Rasterelektronenmikroskop</u>

Die Funktionsweise ist in Abb.2.30 dargestellt. Ein Elektronenstrahl wird stark verkleinert und trifft auf das abzubildende Objekt. Die Reaktion auf die auftreffenden Elektronen, zum Beispiel
Sekundärelektronen, Licht oder Röntgenstrahlung, wird regist-
riert. Die Stärke dieses Signals ändert sich mit dem Auftreffpunkt
des Elektronenstrahls. Das Signal regelt die Helligkeit des Leucht-
flecks einer Bildröhre. Der Elektronenstrahl des Mikroskops und der
Leuchtfleck der Bildröhre werden synchron zeilenweise durchgefah-
ren. Auf dem Bildschirm entsteht so ein Bild des Objekts. Es wird
ein Auflösungsvermögen bis unter 10^{-8}m erreicht. Die Bilder zeichnen sich durch eine bemerkenswerte Tiefenschärfe aus.

Das Auflösungsvermögen wird durch die Ausdehnung des Strahls am Objekt bestimmt, die Tiefenschärfe durch die Strahldivergenz. Man muß
etwa 10^{-8}m und 0.01rad erreichen. Vergleicht man diese Zahlen mit
dem für thermische Kathoden angegebenen Richtstrahlwert, dann sieht
man, daß man höchstens 10^{-11}A im Elektronenstrahl erwarten kann;

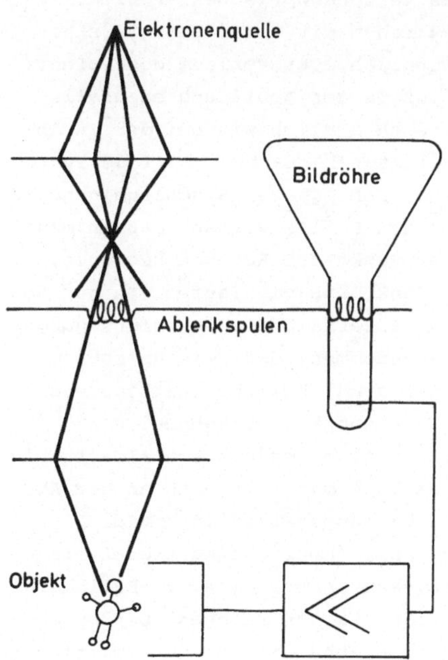

Abb.2.30 Funktions-
weise des Raster-
elektronenmikroskops

der größte Teil der aus der Kathode kommenden Elektronen muß zur
Erzeugung eines solchen Strahls ausgeblendet werden. Höherer Elekt-
ronenstrom würde einen von vorneherein höheren Richstrahlwert erfordern.

Durch eine genauere Analyse der von dem Objekt emittierten Sekun-
därteilchen oder der Strahlung kann man weitere, detailliertere In-
formationen erhalten (Röntgenmikroanalysator u.ä.).

c) <u>Elektronenstrahlquellen für hohe Energie</u>

Den üblichen Aufbau und die Funktionsweise eines "Triodensystems",
bestehend aus Kathode, Steuerelektrode und Anode, zeigt die Abb.
2.31. Die Ausdehnung der Kathode und die Bahnen sind stark überhöht
dargestellt. Die kinetische Energie, mit der die Elektronen aus der
Kathode treten, ist klein im Vergleich zu den Beschleunigungsspan-
nungen. Die Raumladung, die bei geringer Beschleunigung einen domi-
nierenden Einfluß hat, ist bei den üblichen Anwendungen (Fernsehapparat, Oszillograf, Elektronenmikroskop) zu vernachlässigen.

Normalerweise sind die Elektroden rund. Es handelt sich dann bei
der Bahnbestimmung um ein normales teilchenoptisches Problem, lediglich die Tatsache, daß die Elektronen mit einer Energie nahe
Null starten, ist ein wenig ungewöhnlich. Der Verlauf des Potentials $\phi(z)$ auf der optischen Achse ist in der Abbildung ebenfalls
dargestellt, die Funktion verhält sich ähnlich wie bei der in Abschnitt 2.3 besprochenen Immersionslinse. Die Bahnen im Triodensystem
ähneln daher den Bahnen in einer bei sehr großer Beschleunigung be-
triebenen Rohrlinse. Man muß auf jeden Fall erwarten, daß in Gauß'
scher Näherung Bahnen, die an einem Punkt der Kathode beginnen,
nach einiger Zeit wieder in einem Punkt zusammenlaufen. In der Abbildung ist dieses Bild der Kathode außerhalb des Beschleunigungs-
bereiches angenommen. Weiter ist angenommen, daß, wie üblich, Gegenstand (Kathode) und Bild umgekehrt sind. Zwischen Kathode und
Bild ergibt sich dann ein Überkreuzungspunkt der Bahnen, ein
"crossover", an dem das Elektronenbündel besonders schmal ist. Die
Entstehung des Überkreuzungspunktes kann man sich auch an der Abb.
2.26 gut verdeutlichen, der Überkreuzungspunkt fällt mit dem
rechtsseitigen Brennpunkt zusammen. Die Überkreuzung eignet sich
gut als Ausgangspunkt der weiteren Bahnkonstruktion. Im Fall der
Abbildung kann man ab hier mit geraden Bahnen rechnen. Der Durchmesser des Überkreuzungsbereichs ist unabhängig von der emittieren-

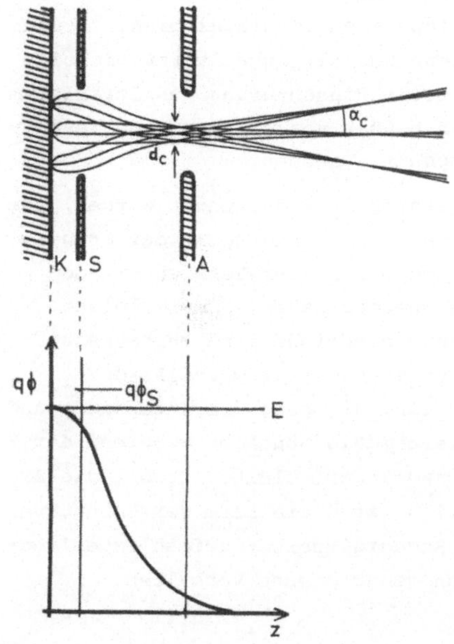

Abb.2.31 Triodensystem

a) Aufbau aus Kathode K, Steuerelektrode S und Anode A und der Strahlengang in überhöhter Darstellung

b) Die potentielle Energie $q\phi$ auf der Achse, ϕ_S ist das Potential der Steuerelektrode, E ist die Gesamtenergie, E= $E_{kin}+q\phi$.

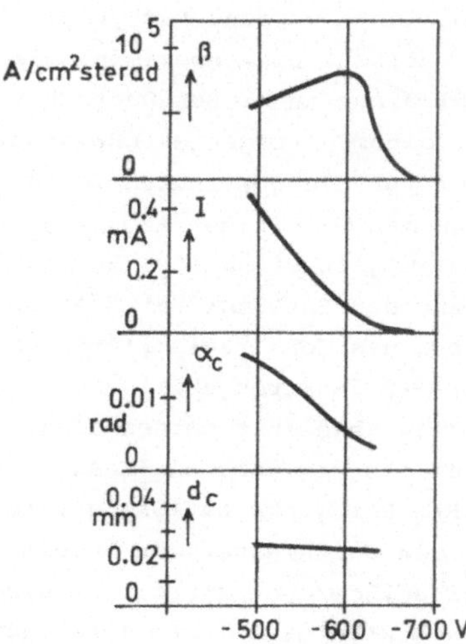

Abb.2.32 Zur Intentsitätsregelung mit dem Steuergitter. Es sind experimentelle Ergebnisse für die Abhängigkeit des Richtstrahlwerts β, des Strahlstroms I, der Winkeldivergenz α_c und des Durchmessers d_c der virtuellen Quelle von der Spannung zwischen Kathode und Steuergitter dargestellt. Die Gesamtbeschleunigung war 50kV, der Abstand zwischen Kathode und Steuergitter betrug 0.5mm, und die Öffnung des Steuergitters hatte 1.8mm Durchmesser. (Nach Haine und Einstein, [11])

den Fläche der Kathode. Man muß allerdings erwarten, daß zu dem gezeichneten Strahlengang große Abbildungsfehler hinzukommen, so daß die Bahnkonstruktion in der Abbildung nur eine qualitativ richtige Vorstellung liefert. Man kann zwar eine Einschnürung des Strahls im Anodenbereich erwarten, sollte aber besser von einer virtuellen Quelle als von einem Überkreuzungspunkt sprechen.

Das Steuergitter kann zur Intensitätsregelung verwendet werden, zum Beispiel im Fernsehapparat. Bei wachsender Spannung an der Steuerelektrode wird die durchlässige Fläche, d.h. der Bereich, in dem die Elektronen positive kinetische Energie haben, immer kleiner. Man kann sich an der Stelle der Steuerelektrode eine mechanische Blende vorstellen, deren Querschnitt verkleinert wird. An dem Strahlengang der Abbildung erkennt man, daß dann die Intensität und die Winkeldivergenz des Strahls gleichmäßig abnehmen, während der Durchmesser der virtuellen Quelle ungeändert bleibt. Obwohl die Argumentationsweise recht oberflächlich ist - die Form der Bahnkurven ändert sich mit dem Potential des Steuergitters - zeigen experimentelle Resultate (Abb.2.32) ziemlich genau dieses Verhalten.

d) <u>Streuapparatur</u>
Die physikalische Aufgabenstellung besteht in der Messung des differentiellen elastischen Querschnitts für die Streuung von Ionen an Atomen. Praktisch heißt das, man muß feststellen, wie oft Ionen durch einen Zusammenstoß mit einem Atom um einen bestimmten Winkel aus ihrer ursprünglichen Richtung abgelenkt werden. Für große Streuwinkel ist die Messung unproblematisch. Die experimentelle Anordnung besteht aus einem Ionenstrahl nicht zu großen Querschnitts und nicht zu großer Winkeldivergenz, einem Streugebiet und einem um das Streugebiet schwenkbaren Detektor für die gestreuten Ionen. Zur Messung bei kleinen Streuwinkeln kann man wie in der Abb.2.33 vorgehen. Der Ionenstrahl wird auf einen möglichst kleinen Bereich auf der Fläche eines Detektors abgebildet. Der Detektor hat die Eigenschaft, daß er nicht nur die Ankunft eines Ions registrieren kann, sondern auch den Ankunftsort. Ionen, die im Streugebiet um den Winkel Θ aus ihrer ursprünglichen Richtung abgelenkt worden sind, kommen alle an ein und demselben Ort auf dem Detektor an (Beachte den Satz über die Winkel im Thaleskreis!). Das Winkelauflösungsvermögen der Anordnung wird wesentlich durch den Durchmesser des Bereichs bestimmt, den der fokussierte Strahl auf der Detektorfläche einnimmt. Bei der dargestellten Anordnung wird daher eine Ionenquelle

mit einer Austrittsöffnung von nur 0.1mm verwendet, und diese Öffnung wird im Maßstab 1:4 verkleinert auf die Detektorfläche abgebildet. Außerdem ist es wichtig, die sphärische Aberration klein zu halten, die ja eine Vergrößerung des Bildes auf dem Detektor bewirkt. Die anderen geometrischen Abbildungsfehler sind bei dem dargestellten Strahlengang ohne Einfluß. Mit der dargestellten Apparatur ist eine Winkelauflösung unter 0.05° erreicht worden ([12]).

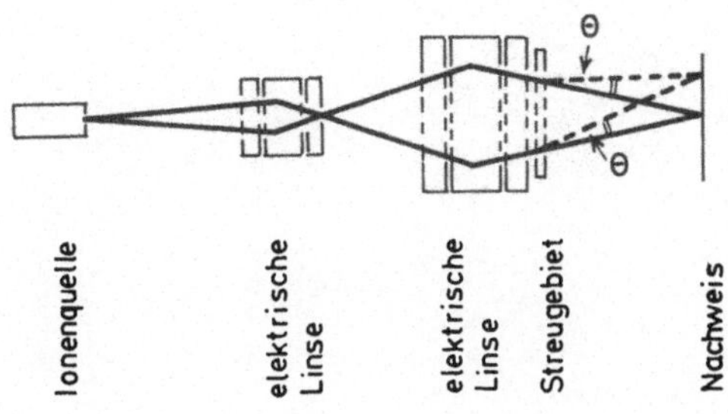

Abb.2.33 Streuapparatur

3 Prismen und Spektrometer

3.1 Allgemeines

Prismen sind Geräte, die Teilchen ablenken, Spektrometer sind Geräte, die Teilchen sortieren, zum Beispiel nach Energie, Impuls, Masse oder anderen Kennzeichen. Es gibt viele Feldkonfigurationen, die für beide Aufgaben geeignet sind. Im folgenden soll die Energieanalyse durch ein statisches elektrisches Feld als Beispiel näher betrachtet werden.

Im Prinzip eignet sich jedes elektrische Feld $\vec{E}(\vec{r})$ zur Energieanalyse, denn Teilchen mit unterschiedlichen Energien laufen im elektrischen Feld grundsätzlich auf unterschiedlichen Bahnen. Man kann ein Spektrometer zum Beispiel so bauen, daß man Anfangsort und -richtung der Bahnen durch mechanische Hindernisse am Feldanfang (Blenden, Spalte) weitgehend festlegt. Eine weitere Blende oder ein Spalt kommt an das Feldende an die Stelle, an der die Bahn der erwünschten Energie E_o, der "Sollenergie", verläuft. Teilchen der Sollenergie kommen durch diese Anordnung hindurch, Teilchen anderer

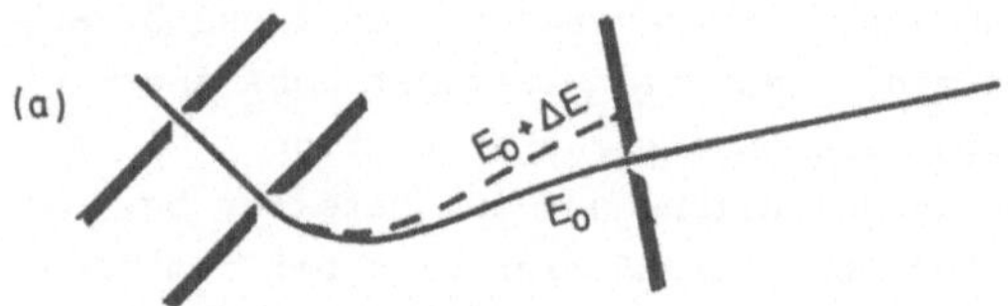

Abb.3.1 Funktionsweise
eines Energiespektrometers

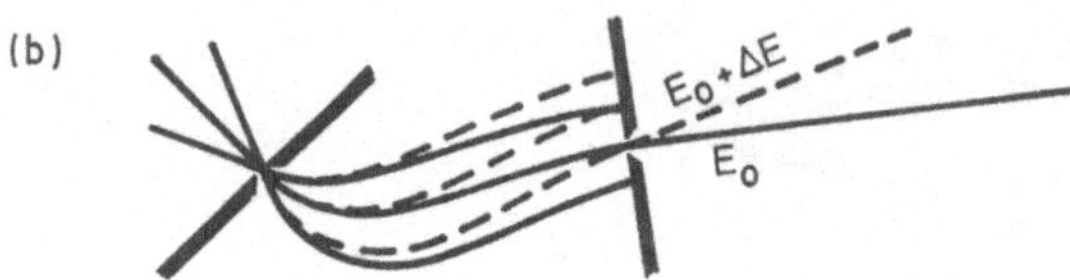

Energie nicht. Das Prinzip einer solchen Anordnung zeigt die Abb. 3.1a. Dieses Spektrometer hat allerdings einen erheblichen Nachteil. Außer dem Anfangsort muß auch die Anfangsrichtung der Bahnen weitgehend festliegen. Abb.3.2b demonstriert, was geschieht, wenn man beliebige Anfangsrichtungen zuläßt: es gibt Bahnen, die trotz falscher Energie von der Eintritts- zu Austrittsöffnung führen, das Spektrometer funktioniert nicht mehr. Nun kann man zwar einen gegebenen Teilchenstrahl durch optische Maßnahmen auf eine kleine Eintrittsöffnung abbilden, so daß der gesamte Strahl in das Spektrometer kommt, aber das führt notwendig zu großen Winkeln (Erhaltung des Phasenraumvolumens, siehe Abschnitt 2.8). Soll auch noch die Richtung festgelegt werden, wie in Abb.3.1a, dann muß ein Teil des Strahls ausgeblendet werden. Das Spektrometer der Abb.3.1a kann meist nur einen geringen Teil eines gegebenen Teilchenstrahls verarbeiten.

Das in Abb.3.1c dargestellte Spektrometer hat diesen Nachteil nicht.

Es ähnelt der vorhergehenden Anordnung, aber es bildet zusätzlich die Eintrittsöffnung auf die Austrittsebene ab, für Teilchen der Sollenergie die Eintritts- auf die Austrittsöffnung. Ist die Abbildung ideal, dann funktioniert sie für alle Eintrittsrichtungen. Ein solches Spektrometer kann, mit Hilfe einer vorgeschalteten optischen Abbildung, praktisch jeden ankommenden Strahl verarbeiten. Da es eine derart fehlerfreie Abbildung nicht gibt, ergeben sich dennoch Beschränkungen. Sie sind aber viel weniger erheblich als in dem zuerst besprochenen Fall. Spektrometer mit statischen Feldern werden fast immer wie in Abb.3.1c betrieben.

Wir wählen eine bestimmte mittlere Bahn, die zur Sollenergie E_o gehört, als "Sollbahn" aus. Die Sollbahn hat eine ähnliche Funktion wie die optische Achse im vorigen Kapitel. In linearer Näherung (siehe das Ende dieses Abschnitts) darf man annehmen, daß sich das Bild der Eintrittsöffnung bei einer Änderung der Energie senkrecht zur Sollbahnrichtung verschiebt. Wir wählen die Richtung der Verschiebung als die x-Richtung. Die x-Achse steht also am Austrittsspalt senkrecht auf der Sollbahn. In Abb.3.1c soll die x-Achse in der Zeichenebene liegen. Die Größe

$$D = \frac{\Delta x}{\Delta E} = \frac{dx}{dE}\bigg|_{E=E_o} \tag{3.1}$$

bezeichnet man als die Dispersion (genauer: die Energiedispersion) des Spektrometers. Die Dispersion ist von der Form und der Größe der Ein- und der Austrittsöffnung unabhängig.

Nach dem Ähnlichkeitsgesetz (b) läßt sich die Sollenergie eines elektrostatischen Spektrometers durch Veränderung der felderzeugenden Potentiale beliebig einstellen. Nach dem Ähnlichkeitsgesetz (c) ändern sich bei einer Vergrößerung oder Verkleinerung des Spektrometers die Bahnen im selben Maßstab, das heißt, das Gerät arbeitet dann immer noch als Spektrometer. Man sieht leicht, daß für alle so zu erhaltenden Anordnungen

$$D = d \cdot L/E_o \tag{3.2}$$

gilt, mit L einer typischen Lineardimension, z.B. der Sollbahnlänge, und d einer numerischen Konstanten, die von L und der eingestellten Sollenergie E_o unabhängig ist.

Die Ausdehnung der Ein- und Austrittsöffnungen in x-Richtung bestimmt wesentlich die Energieunschärfe solcher Spektrometer. Die

Ausdehnung quer zur x-Richtung hat weniger Einfluß. Man arbeitet darum meist mit Spalten, die in x-Richtung eine geringe und quer zur x-Richtung eine größere Ausdehnung haben. In linearer Näherung (siehe unten) darf man annehmen, daß in der Austrittsebene ein scharfes Bild des Eintrittsspaltes entsteht; der Bildort verschiebt sich als lineare Funktion der Energie gemäß Gl.3.1 in x-Richtung, wenn man die Teilchenenergie ändert. Abb.3.2 zeigt verschiedene denkbare geometrische Situationen am Austrittsspalt. Die zugehörigen Transmissionskurven (Zahl der durchgelassenen Teilchen durch Zahl der eintretenden Teilchen bei fest eingestellter Sollenergie E_o als Funktion der Teilchenenergie E) sind darunter dargestellt. Ist das Bild des Eintrittsspaltes schmaler als der Austrittsspalt, dann erreicht die Transmissionskurve 100%, aber sie ist unnötig breit. Nach wie vor 100% Transmission und die geringste Breite erhält man, wenn der Austrittsspalt und das Bild des Eintrittsspaltes gleich breit sind. Macht man den Austrittsspalt noch schmaler, dann verringert sich die Breite der Kurve nicht weiter, aber die Transmission sinkt unter 100%. Die Anordnung liefert dann weniger Intensität, ohne daß sich dafür die Energieunschärfe weiter verringert. Der Fall mit der dreieckigen Transmissionskurve ist also am günstigsten. Die Halbwertsbreite der Transmissionskurve, die Energieunschärfe der Anordnung ist dann

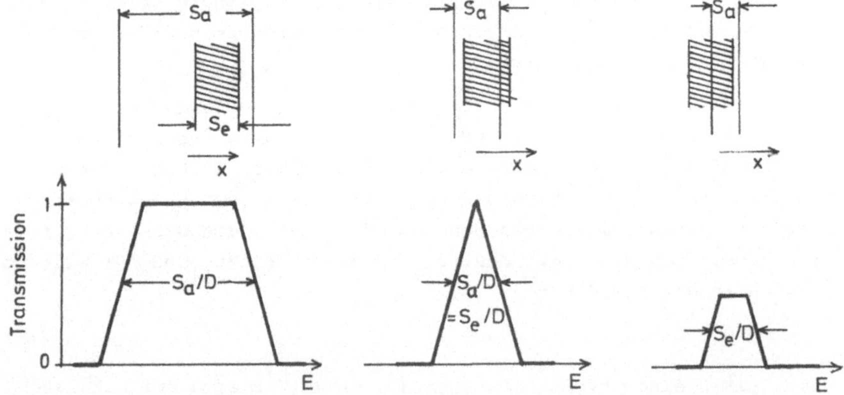

Abb.3.2 Oben: Mögliche Situationen in der Austrittsebene eines Spektrometers. Das Bild (Breite S_e) des Eintrittsspaltes ist schraffiert, die Ränder des Austrittsspaltes (Breite S_a) sind als Linien eingezeichnet. Je nachdem, ob S_e/S_a kleiner, gleich oder größer als Eins ist, ergeben sich die verschiedenen, unten dargestellten Typen von Transmissionskurven.

$$\delta E = S/D \qquad\qquad\qquad (3.3)$$

S ist der gemeinsame Wert für die Breite des Austrittsspaltes und die Breite des Bildes des Eintrittsspaltes.

In einem realen Spektrometer ist das Bild des Eintrittsspaltes aufgrund der unvermeidlichen Abbildungsfehler meist unscharf und verzerrt, etwa so wie in Abb.3.18. Die vorstehenden Überlegungen bleiben aber qualitativ richtig. Die Transmissionskurven haben keine Trapez- oder Dreiecksform mehr, sondern sie sind abgerundet. Die Angaben über die Halbwertsbreite der Transmissionskurven in Abb. 3.2 gelten qualitativ weiter, S_e ist aber nun ein charakteristischer Wert für die Breite des realen Bildes. Ebenso wie das idealisierte Spektrometer wird das reale Spektrometer optimal betrieben, wenn die Breite des realen Bildes und die Breite des Austrittsspaltes übereinstimmen; Gl.3.3 für die Energieunschärfe gilt dann nach wie vor.

Das Verhältnis $E_o/\delta E$ bezeichnet man als die Auflösung des Spektrometers. Aus Gl.3.2 und 3.3 folgt

$$\frac{E_o}{\delta E} = d\,\frac{L}{S} \qquad\qquad\qquad (3.4)$$

Hohe Auflösung bekommt man hiernach mit einem großen Verhältnis von Lineardimension L zu Spaltbreite S. Eine geringe Energieunschärfe δE erzielt man auch bei geringer Sollenergie.

Die Bahnen in der Nähe der Sollbahn lassen sich ähnlich wie im vorhergehenden Kapitel durch Transfermatrizen charakterisieren. Wir müssen nun aber neben der Abhängigkeit der Bahn von den Anfangsbedingungen, also von Anfangsort und -richtung, auch die Abhängigkeit von der Energie berücksichtigen. Wir benutzen cartesische Koordinaten x, y, z, um die Bahnen am Anfang und am Ende des betrachteten Transferbereichs zu beschreiben. Die z-Achse zeigt in die Richtung der Sollbahn, x- und y-Achse stehen senkrecht darauf. Wir nehmen der Einfachheit halber die x-Komponente der Bahnen als unabhängig von der y-Komponente an, und wir betrachten nur die x-Komponente. Die Erweiterung ist einfach. Für sollbahnnahe Bahnen hängen der Bahnort x_2 und die Steigung x_2' am Ende des Transferbereichs linear vom Ort x_1 und der Steigung x_1' am Beginn des Transferbereichs ab und ebenso von der Differenz $E-E_o$ zwischen Energie und Sollenergie,

$$x_2 = T_{11}\, x_1 + T_{12}\, x_1' + T_{13}(E-E_o)$$

$$x_2' = T_{21}\, x_1 + T_{22}\, x_1' + T_{23}(E-E_o)$$

$$E-E_o = \qquad\qquad E-E_o \qquad\qquad (3.5)$$

Höhere Potenzen von x_1, x_1' und $E-E_o$ können rechts zwar vorkommen, sind aber für Bahnen in der Nähe der Sollbahn und und zu Energien nahe der Sollenergie vernachlässigbar klein. Konstante Terme kommen in Gl.3.5 nicht vor, denn für $x_1=x_1'=E-E_o=0$ bekommt man die Soll- bahn, also $x_2=x_2'=0$. Die Matrix

$$T = \begin{pmatrix} T_{11} & T_{12} & T_{13} \\ T_{21} & T_{22} & T_{23} \\ 0 & 0 & 1 \end{pmatrix} \qquad\qquad (3.6)$$

bezeichnen wir wieder als Transfermatrix. Analog zu Gl.2.97 gilt auch jetzt, daß der Transfer über zwei aneinandergrenzende Bereiche durch das Produkt der Transfermatrizen beschrieben wird. Ebenso ist die Determinante einer Transfermatrix nach wie vor gleich dem Ver- hältnis der Impulse am Anfang und am Ende des Transferbereichs.

Ist das Matrixelement T_{12} Null, dann hat man eine Abbildung vom An- fang auf das Ende des betrachteten Transferbereichs vorliegen, so wie in Abb.3.1c von der Eintrittsebene auf die Austrittsebene des Spektrometers. Der Ort x_2 ist unabhängig von der Anfangsrichtung x_1' der Bahnen, alle bei x_1 beginnenden Bahnen einer festen Energie E treffen sich am Ende des Transferbereichs wieder in einem Punkt. In Abb.3.1c entsteht für jede feste Energie ein scharfes Bild des Ein- trittsspaltes in der Austrittsebene. Bei einer Veränderung der Energie verschiebt der Bildort sich als lineare Funktion von $E-E_o$ auf der x-Achse. Von diesen Eigenschaften der Abbildung haben wir in der vorangehenden Diskussion bereits Gebrauch gemacht. Das Ma- trixelement T_{13} mißt die Verschiebung des Bildortes mit der Energie. Verschiebt der Bildort sich nur in x- und nicht in y-Richtung, dann ist T_{13} mit der in Gl.3.1 definierten Größe, der Dispersion D, identisch. Für die Beschreibung von Bahnen der Sollenergie E_o sind die Werte von T_{13} und T_{23} unerheblich. Gl.3.5 nimmt dann die Form von Gl.2.95 im vorigen Kapitel an, statt der 3×3- kann man eine 2×2- -Transfermatrix benutzen. Man überzeugt sich leicht, daß dann auch die bekannten Gesetze der Gauß'schen Optik gelten.

Spektrometer, die nach dem Prinzip der Abb.3.1c funktionieren, und
Prismen mit vergleichbaren Feldkonfigurationen werden vielfältig
eingesetzt, zum Beispiel zu Untersuchung von Energie, Geschwindigkeit oder Masse in einem magnetischen Feld oder zur möglichst dis-
persionsfreien Ablenkung eines Teilchenstrahls. Die Argumentationsweise und die Begriffsbildungen, Dispersion, Energieunschärfe, Auflösung, Transfermatrizen, lassen sich auf andere Fälle leicht übertragen.

3.2   Der Zylinderkondensator als Beispiel

Eine einfache Anordnung, die geladene Teilchen ablenkt und abbildet, ist der Zylinderkondensator. Den geometrischen Aufbau zeigt
Abb.3.3a. Das Potential zwischen den zylinderförmigen Elektroden
hat die Form

$$\phi(r) = \phi_o \ln r/r_o \tag{3.7}$$

r ist der Abstand von der Zylinderachse. Die Konstante r_o legt den
Potentialnullpunkt fest, $\phi(r_o)=0$. Die Konstante ϕ_o bestimmt die
Stärke des Feldes. Sie hängt von der Potentialdifferenz zwischen
Innen- und Außenzylinder ab,

$$\phi_o = (\phi_i - \phi_a)/\ln(r_i/r_a) \tag{3.8}$$

Wir schreiben die Bewegungsgleichung in Polarkoordinaten y, r, φ
auf, mit der Zylinderachse als Polarachse y:

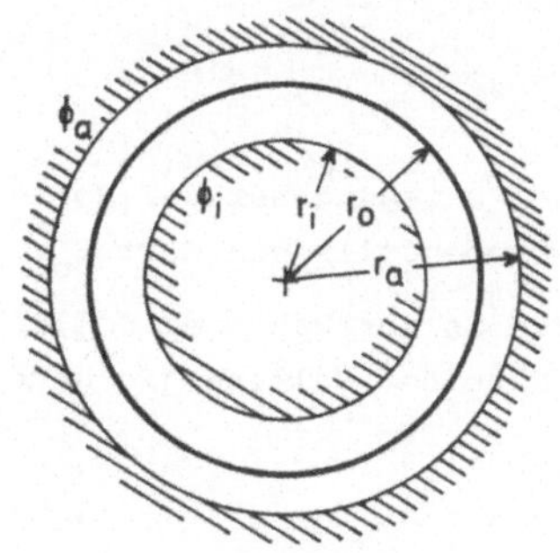

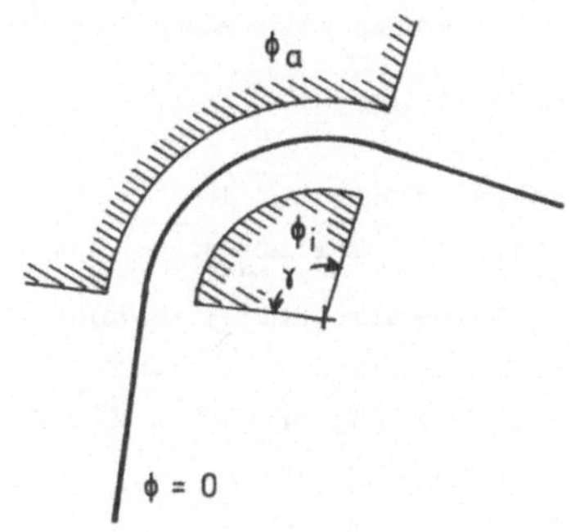

Abb.3.3   Zylinderkondensator
a) 360°-Anordnung   b) Zylinderkondensator-Sektorfeld

$$m \, d^2y/dt^2 = 0$$

$$m \, d^2r/dt^2 = mr(d\varphi/dt)^2 - q\phi_o/r$$

$$m \, d/dt(r^2 d\varphi/dt) = 0 \tag{3.9}$$

In der zweiten Gleichung steht außer der durch das elektrische Feld ausgeübten Kraft $-q\phi_o/r$ noch die Zentrifugalkraft, die dritte Gleichung ist der Drehimpulserhaltungssatz. Eine besonders einfache Lösung ist

$$y = 0, \quad r = r_o = \text{const}, \quad d\varphi/dt = \omega_o = \text{const} \tag{3.10}$$

Dabei muß die Bedingung

$$mr_o^2\omega_o^2 = q\phi_o \tag{3.11}$$

erfüllt sein. Die Lösung stellt eine Kreisbahn dar, die mit konstanter Winkelgeschwindigkeit durchlaufen wird. Gl.3.11 verlangt, daß die Kraft des elektrischen Feldes und die Zentrifugalkraft einander gerade kompensieren. Wir wählen die durch Gl.3.10 beschriebene Bahn als die Sollbahn. Der Sollbahnradius r_o ist gleich der Konstanten r_o im Ausdruck für das Potential, Gl.3.7, gewählt worden. So erreicht man, daß die potentielle Energie auf der Sollbahn Null ist. Die kinetische Energie auf der Sollbahn ist konstant, man findet

$$E_o = \frac{1}{2} mr_o^2\omega_o^2 = \frac{1}{2} q\phi_o \tag{3.12}$$

Für andere Bahnen im Zylinderkondensator ist die kinetische Energie keine Konstante, aber die Gesamtenergie

$$E = E_{kin} + q\phi = m/2\left[(r\dot{\varphi})^2 + \dot{r}^2 + \dot{y}^2\right] + q\phi \tag{3.13}$$

bleibt erhalten. Die Gesamtenergie bei der Bewegung auf der Sollbahn, die Sollenergie, hat wegen $q\phi(r_o)=0$ ebenfalls den Wert E_o.

Im folgenden werden Bahnen untersucht, die in der Nähe der Sollbahn liegen und die zu einer Energie in der Nähe der Sollenergie gehören. Wir führen daher die Koordinate

$$x = r - r_o \tag{3.14}$$

ein und linearisieren die Bewegungsgleichungen in den kleinen Grössen x, $\dot{x}$, y, $\dot{y}$ und $E-E_o$. Die dritte der Gleichungen 3.9 ergibt unmittelbar

$$d\varphi/dt = c/r^2 = c/r_o^2 \cdot (1-2x/r_o) \tag{3.15}$$

c ist eine Integrationskonstante, die mit der Gesamtenergie zusammen-
hängt. Man findet mit Gl.3.7, 3.12 und 3.13, daß bis auf kleine Terme

$$E = mc^2/2r_o^2 \tag{3.16}$$

gilt (Zum Nachrechnen: Drücke c^2 durch E und E_o aus und beachte,
daß auch Terme mit $x(E-E_o)$ vernachlässigt werden). Man setzt nun Gl.
3.15 in die radiale Bewegungsgleichung ein und erhält unter Verwen-
dung von Gl.3.12 und Gl.3.16 in linearer Näherung

$$m\, d^2x/dt^2 = 2(E-E_o)/r_o - 4E_o/r_o^2 \cdot x \tag{3.17}$$

Schließlich ergibt sich hieraus mit Hilfe der Beziehung

$$d/dt = \dot{\varphi}\, d/d\varphi = c/r_o^2\, d/d\varphi + \dots \tag{3.18}$$

die gesuchte Bahngleichung für die Koordinate x. Sie lautet

$$d^2x/d\varphi^2 + 2\,x = (E-E_o)/E_o \cdot r_o \tag{3.19}$$

Die Bahngleichung für die Koordinate y ist einfacher,

$$d^2y/d\varphi^2 = 0 \tag{3.20}$$

Gl.3.19 hat die allgemeine Lösung

$$x = a\,\sin\sqrt{2}\varphi + b\,\cos\sqrt{2}\varphi + (E-E_o)/E_o \cdot r_o/2 \tag{3.21}$$

a und b sind frei wählbare Konstanten. Für $E=E_o$ oszillieren die Bahnen, bzw. die Bahnprojektionen in die Zeichenebene der Abb.3.3, um die
Sollbahn. Die aufeinanderfolgenden Schnittpunkte mit der Sollbahn
haben den Abstand $\pi/\sqrt{2}=127.2..^\circ$. Für $E{\neq}E_o$ beschreibt Gl.3.21 Oszil-
lationen um eine andere kreisförmige Bahn im Zylinderkondensator.

Ein voller 360°-Zylinderkondensator hat keinen praktischen Nutzen.
Praktisch verwendet werden Sektorfelder wie in Abb.3.3b. Wir setzen
voraus, daß das Potential auf der Sollbahn und im Außenbereich den
gleichen Wert Null hat. E und E_o sind dann die kinetischen Energien
im Außenbereich. Zur Vereinfachung nehmen wir vorerst an, daß das
Feld an der Feldgrenze ohne Übergang auf Null zurückgeht und daß
die Bahnen sich dort stetig und ohne Richtungsänderung fortsetzen.
Der Einfluß des Randfeldes wird in Abschnitt 3.4 besprochen. Die
jetzige Behandlung braucht nur geringfügig korrigiert zu werden.

Die Sollbahn besteht in dieser Näherung aus einem Kreisstück mit dem Radius r_o und anschließenden Geraden. Um die Bahnen in den feldfreien Bereichen zu beschreiben, benutzen wir cartesische Koordinaten x, y, z. Die z-Achse zeigt jeweils in Sollbahnrichtung, die x-Achse liegt in der Sollbahnebene. Diese x- und y-Koordinaten gehen stetig in die im Feldbereich verwendeten Koordinaten x und y über. Zur Vereinheitlichung der Formeln kann man die Weglänge im Feldbereich ebenfalls mit einer Koordinate z messen

$$z = r_o \varphi \qquad \text{im Feldbereich} \tag{3.22}$$

z ist die Bogenlänge auf der Sollbahn. Der Anschluß der Bahnen an den Feldgrenzen ist mit der oben beschriebenen Vereinfachung letztlich unproblematisch, erfordert aber doch eine kurze Diskussion. Wir haben gefordert, daß die Bahnen sich stetig durch die Feldgrenze fortsetzen sollen; das heißt lediglich, daß die Werte der Koordinaten x und y sich beim Übergang vom Feldbereich zum feldfreien Bereich nicht ändern dürfen. Weiter soll die Richtung der Bahnen auf beiden Seiten der Feldgrenze dieselbe sein. Das führt erst einmal zu einer relativ komplizierten Anschlußbedingung,

$$\left.\frac{dx}{dz}\right|_{\text{außen}} = \frac{1}{r} \left.\frac{dx}{d\varphi}\right|_{\text{innen}} = \frac{1}{r_o} \frac{1}{(1+x/r_o)} \left.\frac{dx}{d\varphi}\right|_{\text{innen}} \tag{3.23}$$

In linearer Näherung, $x\,dx/d\varphi \ll r_o^2$, vereinfacht sie sich allerdings zu

$$\left.\frac{dx}{dz}\right|_{\text{außen}} = \frac{1}{r_o} \left.\frac{dx}{d\varphi}\right|_{\text{innen}} = \left.\frac{dx}{dz}\right|_{\text{innen}} \tag{3.24}$$

Die Anschlußbedingung für dy/dz hat von vornherein die einfache Form der Gl.3.24.

Bahnen oder Bahnprojektionen x(z) zur Sollenergie, $E=E_o$, werden im Feldbereich des Sektorfeldes durch dieselben Funktionen dargestellt wie die Bahnen im Feldbereich in der fokussierenden Ebene einer Quadrupollinse. Die Bahnen im feldfreien Bereich und die Anschlußbedingungen sind (in linearer Näherung) ebenfalls identisch. Verwendet man im Feldbereich die Koordinate z, Gl.3.22 und ersetzt außerdem

$$k = \sqrt{2}/r_o \, , \qquad L = r_o \, \gamma, \tag{3.25}$$

dann kann man alle Resultate, die für die fokussierende Ebene eines Quadrupols der Länge L gelten, auch auf das Zylinderkondensator-Sektorfeld des Winkels γ anwenden. Abb.3.4 zeigt die Kardinalelemente und eine Bahnkonstruktion für das 90°-Sektorfeld. Die Lage der Kardinalelemente ist nach Gl.2.61 und 2.62 berechnet. In Abb.

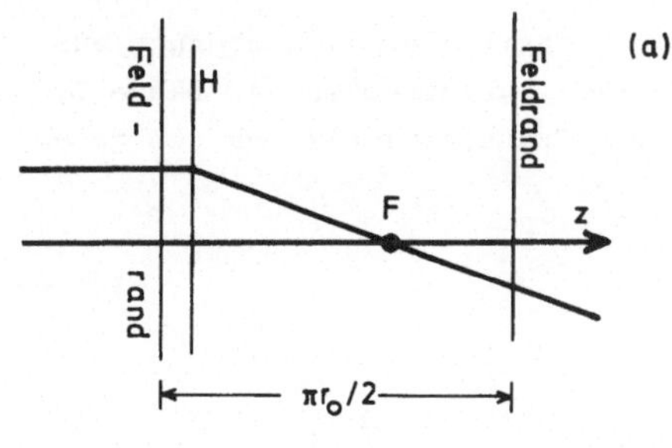

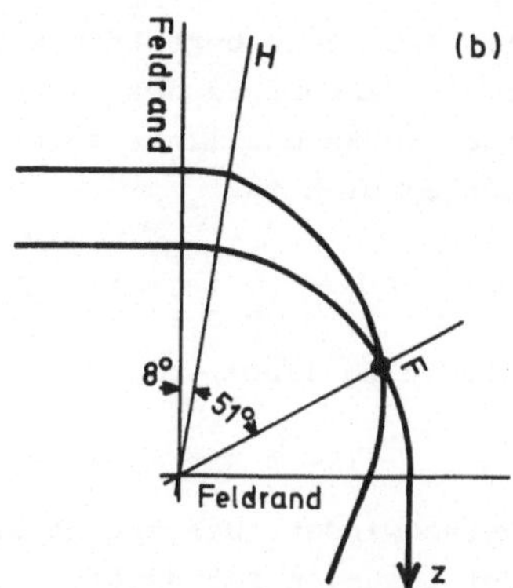

Abb.3.4 Bahnen im 90°-Zylinder-
kondensator bei Sollenergie

3.4a ist die Sollbahn als Gerade dargestellt. In dieser Darstellung
können die Bahnen mit dem Lineal konstruiert werden. Abb.3.4b zeigt
den wirklichen Verlauf der Sollbahn.

Für Energien, die von der Sollenergie abweichen, und in vielen anderen Fällen ist es von Vorteil, die optischen Eigenschaften des
Sektorfeldes durch eine Transfermatrix darzustellen. Man findet die
Transfermatrix für ein Sektorfeld des Winkels γ, indem man die
freien Konstanten a und b in der allgemeinen Lösung der Bahngleichung, Gl.3.21, durch die Anfangsbedingungen am Beginn des Sektorfeldes ausdrückt. Mit der Abkürzung $x'=1/r_o \cdot dx/d\varphi$ gilt für jede
Bahn $x(\varphi)$ im Feldbereich

$$x(\varphi) = \frac{r_o}{\sqrt{2}} x'(0)\sin\sqrt{2}\varphi + (x(0) - \frac{E-E_o}{E_o}\frac{r_o}{2})\cos\sqrt{2}\varphi + \frac{E-E_o}{E_o}\frac{r_o}{2}$$

$$x'(\varphi) = x'(0)\cos\sqrt{2}\varphi - \frac{\sqrt{2}}{r_o}(x(0) - \frac{E-E_o}{E_o}\frac{r_o}{2})\sin\sqrt{2}\varphi \qquad (3.26)$$

Wegen der Anschlußbedingung, Gl.3.24, geben die Größen $x'(0)$ und
$x'(\gamma)$ am Feldrand gleichzeitig die Steigungen der anschließenden
geraden Bahnen im feldfreien Bereich an. Vergleicht man Gl.3.26 mit
Gl.3.5, dann sieht man, daß die Transfermatrix sich aus Gl.3.26 direkt ablesen läßt. Es ist

$$T(\gamma,0) = \begin{bmatrix} \cos\sqrt{2}\gamma & \dfrac{r_o}{\sqrt{2}}\sin\sqrt{2}\gamma & \dfrac{r_o}{2E_o}(1-\cos\sqrt{2}\gamma) \\[2ex] -\dfrac{\sqrt{2}}{r_o}\sin\sqrt{2}\gamma & \cos\sqrt{2}\gamma & \dfrac{1}{\sqrt{2}E_o}\sin\sqrt{2}\gamma \\[2ex] 0 & 0 & 1 \end{bmatrix} \qquad (3.27)$$

Als Anwendung berechnen wir die Eigenschaften einer Anordnung aus einem Sektorfeld des Winkels γ und zwei Laufstrecken der Länge L, die rechts und links anschließen. Die Transfermatrix für den gesamten Bereich ist

$$T = \begin{bmatrix} 1 & L & 0 \\ 0 & 1 & 0 \\ 0 & 0 & 1 \end{bmatrix} T(\gamma,0) \begin{bmatrix} 1 & L & 0 \\ 0 & 1 & 0 \\ 0 & 0 & 1 \end{bmatrix} \qquad (3.28)$$

Abbildung liegt vor, wenn

$$T_{12} = -\sqrt{2}/r_0 \sin\sqrt{2}\gamma \; L^2 + 2\cos\sqrt{2}\gamma \; L + r_0/\sqrt{2} \; \sin\sqrt{2}\gamma \qquad (3.29)$$

verschwindet. Das ergibt eine quadratische Gleichung für L. Eine der Lösungen ist negativ, die andere lautet

$$L = \frac{r_0}{\sqrt{2}} \frac{\cos\sqrt{2}\gamma+1}{\sin\sqrt{2}\gamma} \qquad (3.30)$$

Ist Gl.3.30 erfüllt, dann findet man für die Dispersion

$$D = T_{13} = r_0/E_0 \qquad (3.31)$$

Die Dispersion dieser Anordnungen ist vom Winkel des Sektorfeldes unabhängig!

127°- und 90°-Sektorfelder werden häufig zur Energieanalyse eingesetzt. Ein 127°-Zylinderkondensator bildet von der einen Feldgrenze auf die andere ab. Beim Betrieb als Spektrometer befinden sich daher die Spalte an der Feldgrenze. An einen 90°-Zylinderkondensator muß man nach Gl.3.30 rechts und links noch Laufstrecken von $0.35 r_0$ anfügen, um Abbildung zu bekommen. Die Energieauflösung beim Spektrometerbetrieb ist in beiden Fällen durch Gl.3.4 gegeben, mit $d \cdot L = r_0$; Abbildungsfehler sind dabei noch nicht berücksichtigt.

3.3 Sektorfelder und vergleichbare Anordnungen

Als Sektorfelder werden Anordnungen bezeichnet, bei denen die Sollbahn aus einem Kreissegment mit anschließenden Geraden besteht. Sektorfelder werden häufig eingesetzt, und ihre optischen Eigenschaften sind gründlich untersucht worden. Wir verwenden die Bezeichnungen und Koordinaten wie im vorigen Abschnitt. r_0 ist der Sollbahnradius, φ mißt den auf dem Sollkreis zurückgelegten Winkel, y ist die Höhe über der Sollbahnebene und x der Abstand zwischen der Bahnprojektion in die Sollbahnebene und der Sollbahn.

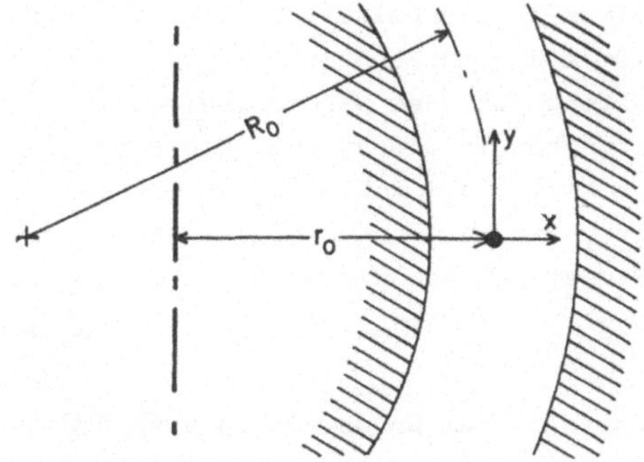

Abb.3.5 Toruskondensator. Die Anordnung ist rotationssymmetrisch
um die strichpunktierte Achse.

<u>Elektrische Sektorfelder</u> können mit einem Toruskondensator wie in
Abb.3.5 gebaut werden. Ein 360°-Toruskondensator ist rotationssymmetrisch, ebenso wie der Zylinderkondensator. Das elektrische Feld
besitzt nun aber auch eine Komponente in y-Richtung. Die Sollbahn
geht senkrecht durch die Zeichenebene der Abbildung, sie ist wie
beim Zylinderkondensator durch die Bedingung festgelegt, daß sich
die elektrostatische Kraft und die Zentrifugalkraft kompensieren
sollen. Die Bahngleichungen sind in linearer Näherung

$$d^2x/d\varphi^2 + (2-n)\, x = (E-E_0)/E_0 \cdot r_0$$

$$d^2y/d\varphi^2 + \quad n\, y = 0 \tag{3.32}$$

mit

$$n = r_0/R_0 \tag{3.33}$$

Im Bereich O<n<2 sind die Bahnen

$$x = a\, \sin\sqrt{2-n}\varphi + b\, \cos\sqrt{2-n}\varphi + (E-E_0)/E_0 \cdot r_0/(2-n)$$

$$y = c\, \sin\sqrt{n}\varphi + d\, \cos\sqrt{n}\varphi \tag{3.34}$$

mit a, b, c und d freien Konstanten. Für n=O hat man wieder den Zylinderkondensator. Im Bereich O<n<2 ist die Bewegung sowohl für die
x-Komponente als auch für die y-Komponente fokussierend. Bei n=1
(Kugelkondensator) sind die optischen Eigenschaften in linearer Nä-

herung für die x- und die y-Komponente gleich; der Kugelkondensator
bildet einen Punkt nach einem halben Umlauf auf dem Sollkreis wieder auf einen Punkt ab. Ist n>2, dann bekommt man in x-Richtung Defokussierung; in Gl.3.34 stehen bei der x-Komponente sinh und cosh
statt sin und cos. Der Torus hat in diesem Fall die Form eines Rei-
fens mit einem Loch in der Mitte, die Sollbahn ist der äußere Äquator. Defokussierung in der y-Richtung bekommt man, wenn der Torus
in Abb.3.5 sich von der Symmetrieachse weg wölbt, statt zu ihr hin.
Der Torus sieht auch dann wie ein Reifen aus, die Sollbahn ist der
innere Äquator.

Ein Toruskondensator-Sektorfeld, das an der Feldgrenze übergangslos
auf Null zurückgeht, wird ebenso behandelt wie der Zylinderkondensator im vorigen Abschnitt. Die Anschlußbedingungen an der Feldgrenze sind identisch. Die Tranfermatrizen für einen Sektor mit dem
Winkel γ lauten

$$T_x(\gamma,0) = \begin{pmatrix} \cos\sqrt{m}\gamma & \frac{r_o}{\sqrt{m}}\sin\sqrt{m}\gamma & \frac{r_o}{mE_o}(1-\cos\sqrt{m}\gamma) \\ -\frac{\sqrt{m}}{r_o}\sin\sqrt{m}\gamma & \cos\sqrt{m}\gamma & \frac{1}{E_o\sqrt{m}}\sin\sqrt{m}\gamma \\ 0 & 0 & 1 \end{pmatrix} \qquad (3.35)$$

für die x-Komponente und

$$T_y(\gamma,0) = \begin{pmatrix} \cos\sqrt{n}\gamma & \frac{r_o}{\sqrt{n}}\sin\sqrt{n}\gamma & 0 \\ -\frac{\sqrt{n}}{r_o}\sin\sqrt{n}\gamma & \cos\sqrt{n}\gamma & 0 \\ 0 & 0 & 1 \end{pmatrix} \qquad (3.36)$$

für die y-Komponente. m steht in Gl.3.35 als Abkürzung für 2-n.

<u>Magnetische Sektorfelder</u> lassen sich am einfachsten mit einem homo-
genen Magnetfeld herstellen. In einem homogenen, in y-Richtung zei-
genden Feld ist die Kraftkomponente in y-Richtung Null. Die Projektionen der Bahnen in die xz-Ebene sind exakt Kreise mit dem Radius

$$r = p/qB \qquad (3.37)$$

mit

$$p = \sqrt{p_x^2 + p_z^2} = \sqrt{(m\dot{x})^2 + (m\dot{z})^2} \qquad (3.38)$$

Werden Terme in $\dot{y}^2$ wie üblich vernachlässigt, dann ist p der Betrag
des Gesamtimpulses. Wir zeichnen eine bestimmte Kreisbahn zum Im-

puls p_o, dem Sollimpuls, und mit dem Radius r_o als Sollbahn aus. Benachbarte Bahnen kann man durch Linearisierung der Bewegungsgleichungen untersuchen; wegen der einfachen Natur der exakten Bahnen kann man die Fragestellung auch rein geometrisch angehen (siehe Abschnitt 3.5). Beide Verfahren liefern für die Bahn ($x=r-r_o$, wie bisher):

$$x = a \sin\varphi \; + \; b \cos\varphi \; + \frac{p-p_o}{p_o} \cdot r_o \qquad\qquad (3.39)$$

a und b sind wieder freie Konstanten.

Sektorfelder baut man, indem man die Ausdehnung des Magnetfeldes in der Sollbahnebene (xz-Ebene) begrenzt. Solche Felder werden mit Magneten mit Eisenkern erzeugt; das Feld ist im wesentlichen auf den Polschuhbereich begrenzt. Im einfachsten Fall verläuft die Sollbahn senkrecht zur Feldgrenze. Dann kann man wieder annehmen (siehe Abschnitt 3.4), daß die Bahnen die Feldgrenze stetig und ohne Richtungsänderung passieren. Die Kardinalelemente berechnet man wieder wie bei den anderen Sektorfeldern oder beim Quadrupol. Die Transfermatrix erhält man aus Gl.3.35, wenn man E_o durch p_o und m durch 1 ersetzt; in der Definition der Transfermatrix, Gl.3.5, steht nun natürlich $p-p_o$ statt $E-E_o$. Für die Abbildungsbedingung bei Sollimpuls gibt es darüber hinaus eine einfache und nützliche geometrische Formulierung: Sollkreismittelpunkt, Bildort und Gegenstandsort liegen auf einer Geraden wie in Abb.3.6.

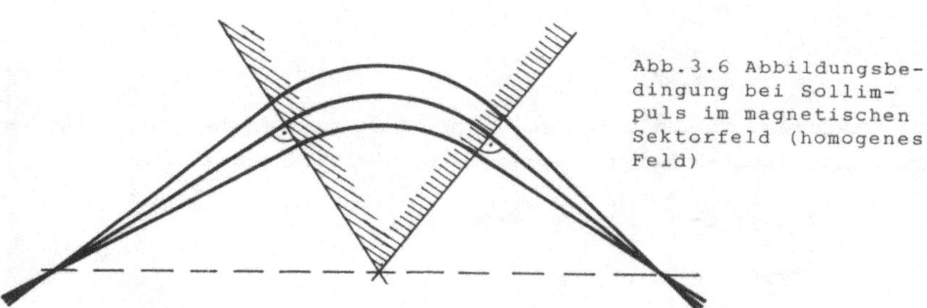

Abb.3.6 Abbildungsbedingung bei Sollimpuls im magnetischen Sektorfeld (homogenes Feld)

Beim magnetischen Sektorfeld gibt es zwei Varianten, mit denen man eine Ablenkung auch in der y-Richtung bekommt. Die eine Variante - Sektorfelder mit schräger Feldgrenze - wird erst in Abschnitt 3.4 besprochen, die andere Variante sind

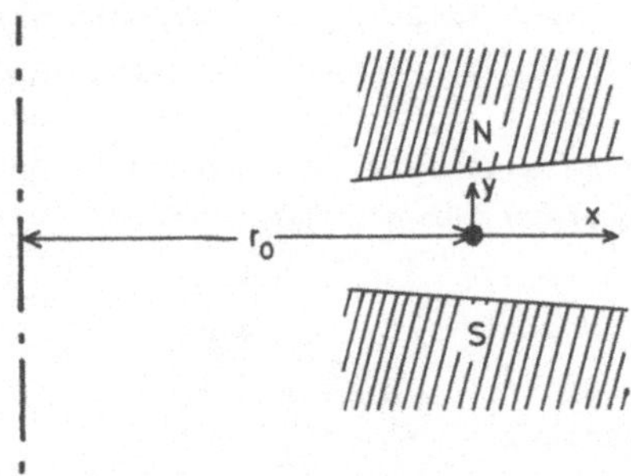

Abb.3.7 Magnetisches Feld
mit Feldgradient. Die An-
ordnung ist rotationssym-
metrisch um die strich-
punktierte Achse.

Magnetische Sektorfelder mit Feldgradienten

Feld und Sollbahn ähneln denen beim homogenen Feld, aber die Feldstärke ändert sich in radialer Richtung, quer zur Sollbahn. Eine
Polschuhanordnung, mit der man ein derartiges Feld erzeugen kann,
zeigt die Abb.3.7. Das magnetische Feld zeigt im wesentlichen in
die y-Richtung, aber man sieht, daß es auch Feldkomponenten in x-
Richtung gibt. Die Anordnung besitzt Rotationssymmetrie, die
strichpunktierte Linie in der Abbildung ist die Symmetrieachse.
Außerdem sollen noch die beiden Polschuhe spiegelsymmetrisch sein.
In der Mitte zwischen den Polschuhen verschwinden die zusätzlichen
x-Komponenten der Feldstärke. Es gibt eine kreisförmige Bahn in der
Mittelebene, auf der sich magnetische Kraft und Zentrifugalkraft
gerade kompensieren. Das ist die Sollbahn. Sie geht senkrecht durch
die Zeichenebene der Abb.3.7. Der Wert B der Feldstärke auf der
Sollbahn, der Sollimpuls p_o und der Sollbahnradius r_o hängen wie in
Gl.3.37 miteinander zusammen. Die Größe

$$n = - \frac{r}{B} \frac{dB}{dr} , \qquad (3.40)$$

zu berechnen auf der Sollbahn, bezeichnet man als den Feldgradienten. Die Bahngleichungen lauten in linearer Näherung

$$d^2x/d\varphi^2 + (1-n) x = (p-p_o)/p_o \cdot r_o$$

$$d^2y/d\varphi^2 + n y = 0 \qquad (3.41)$$

Das ist ganz ähnlich wie beim Toruskondensator, und man kann alle
Ergebnisse übertragen. Für n<0 bekommt man Defokussierung in y-
Richtung, für n=0 (homogenes Feld) gibt es in y-Richtung keine Ablenkung, für 0<n<1 fokussiert das Feld in x- und in y-Richtung und
für n>1 findet man Defokussierung in x-Richtung. Für n=1/2 sind die

optischen Eigenschaften in linearer Näherung für die x- und die y-Richtung gleich. Die Transfermatrizen für einen Feldsektor des Winkels γ sind wieder durch Gl.3.35 und 3.36 gegeben, für m ist nun 1-n einzusetzen, für E und E_o stehen nun p und p_o.

<u>AG-Fokussierung</u>: Für Magneten mit einheitlichem Feldgradienten ist nur der Bereich $0 \leq n < 1$, in dem keine Defokussierung auftritt, von praktischem Nutzen. Die fokussierende Wirkung ist allerdings mäßig. Bahnen, die von einem Punkt ausgehen, kommen zum Beispiel in einem 360°-Magneten mit n=1/2 erst nach 254° wieder zusammen. Für große positive oder negative Werte von n bekommt man zwar eine starke Fokussierung für die eine Bahnkomponente, dem steht aber eine praktisch ebenso starke Defokussierung der anderen Komponente gegenüber. Setzt man Sektoren mit großen positiven und negativen Werten des Feldgradienten hintereinander, dann bekommt man Strahlengänge wie in Abb.2.18 und 2.20, das heißt, Fokussierung für beide Bahnkomponenten. Solche Anordnungen können viel stärker fokussieren als ein Sektorfeld mit einem einheitlichen Feldgradienten der Größenordnung n=1! Wir vergleichen ein Sektorfeld mit n=1/2 und der Sollbahnlänge L mit einer Anordnung aus zwei Sektoren der Länge L/2 und mit Feldgradienten +n und -n (n≫1). Die Brennweiten der einzelnen Sektoren lassen sich wie beim Quadrupol, Gl.2.61, ausdrücken. Wir setzen voraus, daß die Länge L der Sollbahn im Feldbereich so kurz ist, daß die führenden Terme der Entwicklung in Gl.2.61 bereits eine hinreichende Genauigkeit liefern. Für das Sektorfeld mit n= 1/2 findet man

$$f_x = f_y = 2r_o^2/L \qquad (3.42)$$

und für einen Sektor der Länge L/2 mit großem positiven Gradienten

$$f_y = -f_x = 2r_o^2/(nL) \qquad (3.43)$$

Der Unterschied zwischen n und n-1 ist dabei vernachlässigt worden. Der Sektor mit -n hat für die y-Komponente negative und für die x-Komponente positive Brennweite, die Beträge sind dieselben wie für den Sektor mit +n. Nach Gl.2.64 ist die Brennweite der Kombination

$$f_{eff} = 8r_o^4/(n^2L^3) \qquad (3.44)$$

Man sieht, daß man so mit großen Werten von n sehr kleine Brennweiten erreichen kann.

Fokussierung durch Sektormagneten mit alternierenden Feldgradienten
wird vor allem in kreisförmigen Teilchenbeschleunigern und Spei-
cherringen angewandt. Wie schon bei Abb.2.8 erläutert, haben
Strahltransportsysteme aus kurzbrennweitigen Komponenten den Vorteil, daß der Strahl auf einen kleinen Querschnitt beschränkt
bleibt. Bei Beschleunigern ist das ein wichtiges Erfordernis. Sektoren mit großem Feldgradienten und AG-fokussierende Systeme aus
solchen Sektoren zeichnen sich durch eine geringe Dispersion aus.
Man kann mit solchen Anordnungen nur schlecht ein Spektrometer bau-
en, aber sie eignen sich hervorragend für Strahltransportaufgaben,
wenn Teilchen mit merklich verschiedenem Impuls zu transportieren
sind.

AG-Fokussierung ist ebensogut mit elektrischen Sektorfeldern möglich.

Relativistische Geschwindigkeiten

Magnetische Sektorfelder werden mit konstanter Geschwindigkeit und
daher auch mit konstanter Masse durchlaufen. Die Ergebnisse bleiben auch für relativistische Geschwindigkeiten gültig, man muß lediglich die richtigen, relativistischen Werte aller Größen in den
Formeln verwenden. In elektrischen Sektorfeldern ergeben sich Unterschiede gegenüber den klassischen Resultaten. Die Bahngleichung
für die y-Bewegung in Gl.3.32 bleibt ungeändert, der Wert von n in
dieser Gleichung ist nach wie vor durch Gl.3.33 gegeben. Die Bahngleichung für x behält ihre Form, aber der Wert des Dispersions-
terms ändert sich, und im Koeffizienten bei x steht nun statt 2-n

$$2 - n - v^2/c^2 \tag{3.45}$$

Anwendungsgebiete

Elektrische Sektorfelder werden eingesetzt
a) als ablenkendes Element in einem Strahltransportsystem,
b) als Energieanalysator.
Magnetische Sektorfelder verwendet man
a) als Ablenkeinheit in Strahltransportsystemen und Beschleunigern,
b) als Impulsspektrometer mit dem Ziel der Energieanalyse, zum Beispiel bei hochenergetischen Elektronen ($E=p^2/2m$, m ist bekannt),
c) als Impulsspektrometer mit dem Ziel der Massenanalyse, siehe
Abb.2.19. Ionen entstehen mit geringer, zum Beispiel thermischer
kinetischer Energie. Sie werden durch eine feste Spannung, etwa
1kV, auf wesentlich höhere Energie beschleunigt. Die Masse ergibt

sich aus dem gemessenen Impuls, $m=p^2/2E$, E ist bekannt.

d) als abbildendes System. Man erreicht so eine vergrößerte Abbildung eines Objekts durch Ionen einer bestimmten Massenzahl, also eine Art chemische Analyse.

Andere Anordnungen mit statischen elektrischen oder magnetischen Feldern

Es gibt viele weitere Feldkonfigurationen, die den bisher besprochenen prinzipiell ähnlich sind. Abb.3.8 zeigt eine Anordnung, die dem üblichen Aufbau optischer Prismenspektrometer entspricht. Dispersion und Fokussierung werden durch getrennte Elemente besorgt. Die Anordnung hat keine prinzipiellen Nachteile gegenüber den besprochenen, aber sie wird nicht praktisch verwendet. Die allgemeine Bevorzugung der Sektorfelder beruht wohl vor allem darauf, daß diese Felder bekannt, berechnet und ausprobiert sind. Abb.3.9 zeigt eine einfache Anordnung mit einem Parallelplattenkondensator, die gelegentlich zur Energieanalyse benutzt wird.

Schließlich verwendet man Linsenspektrometer. Das sind Anordnungen, die die Energie- (Impuls-) abhängigkeit der Bahnen in rotationssymmetrischen Linsen zur Energie- (Impuls-) analyse ausnützen. Teilchenquelle und Detektor befinden sich auf der optischen Achse. Da die optische Achse für alle Energien (Impulse) eine mögliche Bahn

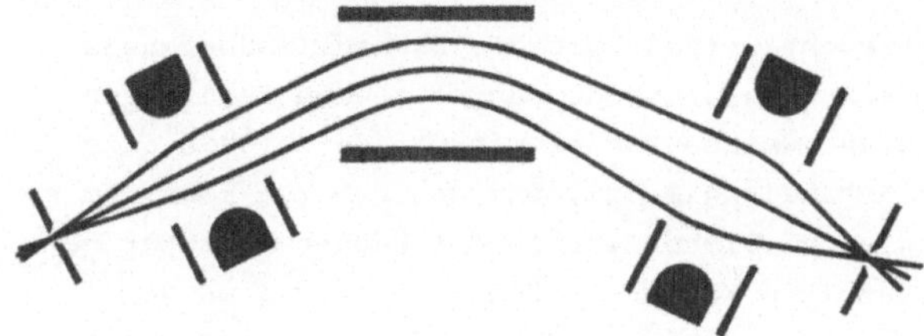

Abb.3.8 Spektrometer aus Linsen und Parallelplattenkondensator

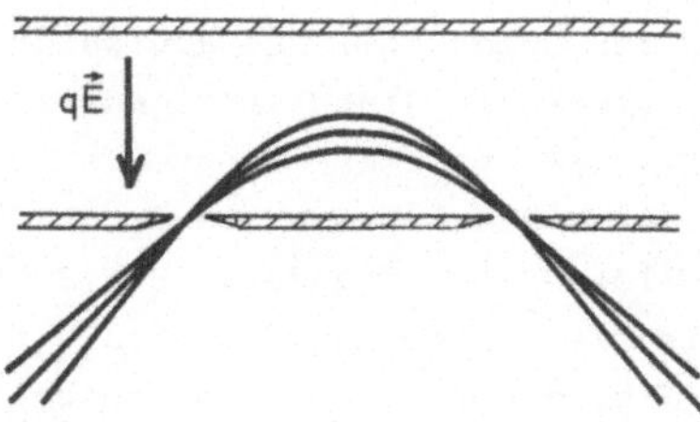

Abb.3.9 Bei geeigneter Anordnung zeigt auch das homogene elektrische Feld eine fokussierende Wirkung.

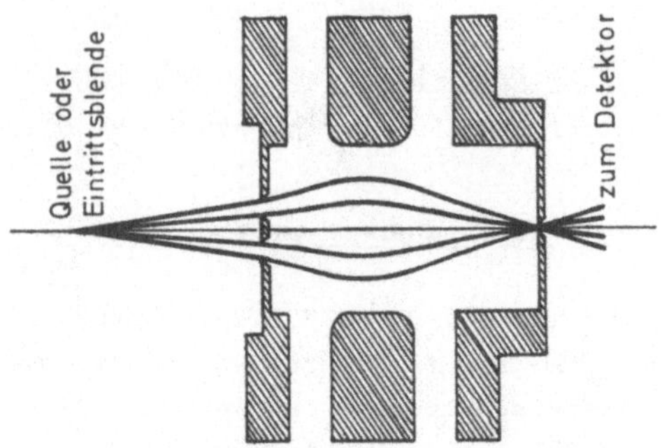

Abb.3.10 Elektrisches Linsenspektrometer. Bahnen
auf der optischen Achse
sind ausgeblendet.

ist, muß man die Mitte des Strahlenganges ausblenden. Abb.3.10
zeigt ein elektrisches Linsenspektrometer. Der Strahlengang ist um
die optische Achse rotationssymmetrisch; es gibt nicht nur eine
Sollbahn, sondern ein ganzes Bündel. Hat man es mit einer einigermaßen isotrop emittierenden Teilchenquelle zu tun, dann bieten Linsenspektrometer einen erheblichen Vorteil: Sie können einen größeren Bruchteil der emittierten Teilchenzahl verarbeiten als die her-
kömmlichen Anordnungen. Magnetische Linsenspektrometer sind häufig
in der β-Spektroskopie eingesetzt worden.

3.4   Randfeldeffekte

Im folgenden soll untersucht werden, wie die Bahnen im Übergangsgebiet zwischen einem Sektorfeld und dem angrenzenden feldfreien
Gebiet wirklich verlaufen, welche Fehler man mit der bisher ange-
wandten vereinfachten Behandlung macht, und was man tun kann, um
diese Fehler zu korrigieren. Bisher wurden die Bahnen ja unter der
Annahme konstruiert, daß ihre Krümmung sich unmittelbar an der
Feldgrenze von einem konstanten Wert auf Null ändert. In Wirklichkeit gibt es einen stetigen Übergang. Der Übergangsbereich besitzt
eine Ausdehnung in Richtung der Sollbahn, der etwa dem Kondensator-
platten- oder dem Polschuhabstand entspricht. Wir haben eine
gleichartige Vereinfachung auch bei der Quadrupollinse angewandt.
Die Folgen der ungenauen Behandlung sind allerdings im gegenwärti-
gen Fall viel erheblicher. Bei einer Quadrupollinse liegt die Sollbahn, die optische Achse, bereits aufgrund der Symmetrie der Anordnung fest. Sie wird durch die Randfelder nicht geändert. Bei Systemen mit gekrümmter Sollbahn, wie wir sie nun behandeln, wird die
Sollbahn nicht, oder nicht vollständig, durch Symmetrieeigenschaf-

ten bestimmt. Tatsächlich bekommt man mit der bisherigen Behandlung ein fehlerhaftes Resultat für die Fortsetzung der Sollbahn in den feldfreien Bereich. Es zeigt sich aber zum Glück, daß man das bisherige Verfahren zur Bestimmung der Sollbahn weiter anwenden darf, wenn man nur zwischen der mechanischen Feldgrenze und einer effektiven Feldgrenze unterscheidet.

Am einfachsten ist die Diskussion für das Randfeld eines homogenen magnetischen Feldes. In Abb.3.11a ist der Verlauf der Feldlinien für diesen Fall skizziert. Wir setzen voraus, daß die Anordnung sich in der Richtung senkrecht zur Zeichenebene weit ausdehnt. Für normale Anordnungen ist das immer einigermaßen richtig. Es gibt dann keine oder vernachlässigbar kleine Feldkomponenten senkrecht zur Zeichenebene. Die Sollbahn liegt im Inneren des Magneten in einer Ebene zwischen den Polschuhen. Um sicherzustellen, daß die Sollbahn auch im Randfeld in dieser Ebene bleibt, fordern wir, daß die Anordnung spiegelsymmetrisch zur Sollbahnebene ist. Die Feldlinien laufen dann im rechten Winkel durch die Sollbahnebene, die vom Magnetfeld ausgeübte Kraft liegt in der Ebene. Wir wollen nicht voraussetzen, daß die Sollbahn im rechten Winkel zum Polschuhrand

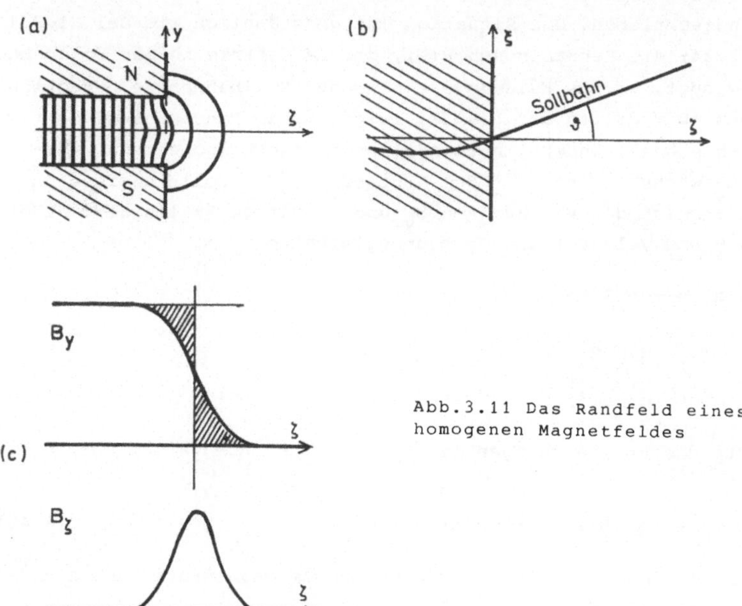

Abb.3.11 Das Randfeld eines homogenen Magnetfeldes

verläuft. Anordnungen wie in Abb.3.11b sollen hier ebenfalls mit erfaßt werden. Wir benutzen ein cartesisches Koordinatensystem ξ, y, ζ wie in Abb.3.11. Die y-Achse steht senkrecht auf der Sollbahnebene, wie auch bisher immer. Die ζ-Achse steht senkrecht auf dem Polschuhrand, und die ξ-Achse ist zum Polschuhrand parallel. Die Sollbahnebene hat y=O, im übrigen ist die Lage des Koordinatenursprungs unwichtig.

Aus den Grundgleichungen des Magnetfeldes und den Annahmen über die Feldkonfiguration bekommt man leicht die folgenden Beziehungen zwischen den Feldkomponenten:

$$B_\xi = O$$

$$B_y(y,\zeta) = B(\zeta) + \ldots$$

$$B_\zeta(y,\zeta) = dB/d\zeta \cdot y + \ldots \tag{3.46}$$

Dabei steht B als Abkürzung,

$$B(\zeta) = B_y(y=O,\zeta) \tag{3.47}$$

Terme höherer als erster Ordnung in y sind in Gl.3.46 gar nicht erst hingeschrieben. Die Situation ist ganz ähnlich wie bei Gl.2.1 und Gl.2.24; die Kenntnis von B(ζ), der Feldstärke in der Sollbahnebene, genügt, um das Feld in der Nähe der Sollbahnebene berechnen zu können. Die dritte der Gl.3.46 zeigt, daß im Randbereich, dort wo B(ζ) sich schnell ändert, notwendig auch eine Komponente B_ζ auftritt. B_ζ wächst linear mit dem Abstand von der Sollbahnebene an. Abb.3.11c zeigt den Verlauf von B_y und B_ζ mit ζ. In linearer Näherung in y und $\dot{y}$ lautet die Bewegungsgleichung

$$m\ddot{\xi} = -q\dot{\zeta}\, B(\zeta)$$

$$m\ddot{y} = -q\dot{\xi}y\, B'(\zeta)$$

$$m\ddot{\zeta} = q\dot{\xi}\, B(\zeta) \tag{3.48}$$

Die erste dieser Gleichungen liest sich nach Integration über die Zeit:

$$m\dot{\xi} = -q \int B(\zeta)d\zeta + const \tag{3.49}$$

Die Geschwindigkeit ist bei der Bewegung im Magnetfeld konstant. Mit Hilfe der Beziehungen

$$d\xi/d\zeta = \dot{\xi}/\dot{\zeta} \quad , \quad \dot{\xi}^2 + \dot{\zeta}^2 = v^2 = \text{const} \tag{3.50}$$

erlaubt es Gl.3.49, die Steigung $d\xi/d\zeta$ der Sollbahn im feldfreien Gebiet aus den Anfangsbedingungen im Feldbereich zu berechnen. Offensichtlich ergeben alle Randfelder die gleiche Steigung der Sollbahn, für die das Integral $\int B(\zeta)d\zeta$ den gleichen Wert hat; die Integration ist von einem festen Ort ζ_1 im Bereich des homogenen Feldes bis in den feldfreien Bereich, $\zeta = \zeta_r$, zu erstrecken. Wir definieren daher die "effektive Feldgrenze" ζ_0 durch die Forderung

$$\int_{\zeta_1}^{\zeta_r} B(\zeta)d\zeta = \int_{\zeta_1}^{\zeta_0} B(\zeta_1)d\zeta \tag{3.51}$$

Das erste Integral entspricht dem wirklichen Randfeld, das zweite einem Ersatzfeld, das bis $\zeta = \zeta_0$ homogen ist und bei ζ_0 abrupt auf Null zurückgeht. Beide Felder liefern die gleiche Sollbahnrichtung im feldfreien Bereich, wenn die Sollbahnen im Feldbereich als identisch vorausgesetzt werden. Die Sollbahn im Ersatzfeld ist bis zur effektiven Feldgrenze ζ_0 eine Kreisbahn, an die stetig und ohne Richtungsänderung eine Gerade anschließt. Das ist der Bahnverlauf, der im letzten Abschnitt ohne Begründung vorausgesetzt worden ist. Das alte Konstruktionsverfahren liefert also die richtige Sollbahnrichtung, wenn nur der Anschluß an der richtigen Stelle, der effektiven Feldgrenze, vorgenommen wird. Die Definition der effektiven Feldgrenze hat übrigens eine ganz anschauliche Bedeutung. Nach Gl. 3.51 teilt die effektive Feldgrenze den Randbereich so, daß die schraffierten Flächen in Abb.3.11c die gleiche Größe haben. Für eine Polschuhkonstruktion wie in Abb.3.11a liegt die effektive Feldgrenze außerhalb des Polschuhbereichs, ein typischer Wert ist

$$\zeta_0 = 1.3 \, a \tag{3.52}$$

ζ_0 ist der Abstand zum Polschuhrand, $2a$ ist der Abstand der Polschuhe voneinander.

Als nächstes untersuchen wir den Einfluß des Randfeldes auf andere Bahnen als die Sollbahn. Wir unterscheiden zwei Fälle.

a) Die Sollbahn geht im rechten Winkel durch die effektive Feldgrenze. In diesem Fall ist $\dot{\xi}$ für sollbahnnahe Bahnen eine kleine Größe. Die Kräfte in y-Richtung, die im Randfeld auftreten, sind nach Gl. 3.48 dem Produkt zweier kleiner Größen proportional. Für Paraxialstrahlen kann man sie vernachlässigen. Eine Ablenkung in y-Richtung

tritt dann im Randfeld ebensowenig wie im Bereich des homogenen
Feldes auf. Weiter gilt Gl.3.49 nicht nur für die Sollbahn, sondern
für alle Bahnen. Das hat zur Konsequenz, daß die Richtungsänderung
im Randfeld für alle Bahnen durch die Einführung der effektiven
Feldgrenze richtig beschrieben wird. Man kann die Bewegung im Randfeld daher so darstellen, als ob bis zur effektiven Feldgrenze das
volle Feld wirksam wäre; dort schließen stetig und ohne Richtungsänderung gerade Bahnen an. Das Verfahren ergibt für alle Bahnen eine
Fortsetzung mit der richtigen Richtung, nicht nur für die Sollbahn.

Die Konstruktion mit der effektiven Feldgrenze liefert allerdings
nicht die exakte Bahnfortsetzung in den feldfreien Bereich, sondern
nur die richtigen Richtungen. Eine kleine Parallelverschiebung zwischen der konstruierten und der wirklichen Bahn bleibt als Fehler
übrig. Eine genaue Analyse der Gl.3.48 ergibt: Bei senkrechtem
Durchgang durch die Feldgrenze hat die Verschiebung der Sollbahn
die Größenordnung a^2/r_o; 2a ist der Polschuhabstand und r_o der Sollbahnradius. Die Verschiebung der anderen Bahnen ist bis auf Korrekturen der Größenordnung a^4/r_o^3 mit der Verschiebung der Sollbahn
identisch. Weiter ergibt eine genaue Analyse der Gl.3.48, daß die
geringen, oben vernachlässigten Kräfte in y-Richtung im Randfeld
doch schon in linearer Näherung zu einer Ablenkung führen. Die entsprechende Brennweite für die y-Komponente der Bahnen hat die Grös-
senordnung r_o^2/a. Meist sind alle diese Korrekturen klein. Vernachlässigt man sie, dann ergibt die Bahnkonstruktion mit der effektiven
Feldgrenze immer die richtige Fortsetzung in den feldfreien Bereich.

b) Die Sollbahn geht schräg durch die effektive Feldgrenze wie in
Abb.3.11b. $\dot{\xi}$ in Gl.3.48 ist nun keineswegs klein, vielmehr gilt für
Paraxialbahnen und für kleine Werte von a/r_o:

$$\dot{\xi} = \pm v \sin\vartheta \qquad\qquad (3.53)$$

Der Winkel ϑ ist in Abb.3.11 definiert. Man kann bei der Lösung der
Bewegungsgleichung für die y-Bewegung vorgehen wie bei der Behandlung der schwachen Linse, entsprechend Gl.2.20. Eine Bahn, für die
im Feldbereich y=const gilt, wird sich in dem schmalen Randbereich
des Feldes nur wenig von diesem konstanten Wert entfernen. Die Bahn
ändert im Randfeld praktisch nur ihre Richtung. Man findet mit dieser Näherung ohne Mühe, daß das Randfeld für die y-Bewegung die
Wirkung einer Linse der Brennweite

$$f_y = \mp r_o/\tan\vartheta \qquad\qquad (3.54)$$

hat. r_o ist der Sollbahnradius. f_y kann positiv oder negativ sein,
Abb.3.12 zeigt, wie das Vorzeichen der Brennweite f_y von der geometrischen Situation abhängt. Auch auf die Bahnkomponenten in der
Sollbahnebene übt eine schräge Feldgrenze eine zusätzliche Linsenwirkung aus. Sie kommt daher, daß Bahnen, die in der Abb.3.12 ober-
oder unterhalb der Sollbahn verlaufen, dem ablenkenden Feld länger
oder kürzer ausgesetzt sind als die Sollbahn. Die Brennweite ist

$$f_x = - f_y \tag{3.55}$$

Sektormagneten mit schräger Felgrenze sind erfolgreich als abbildendes Element eingesetzt worden.

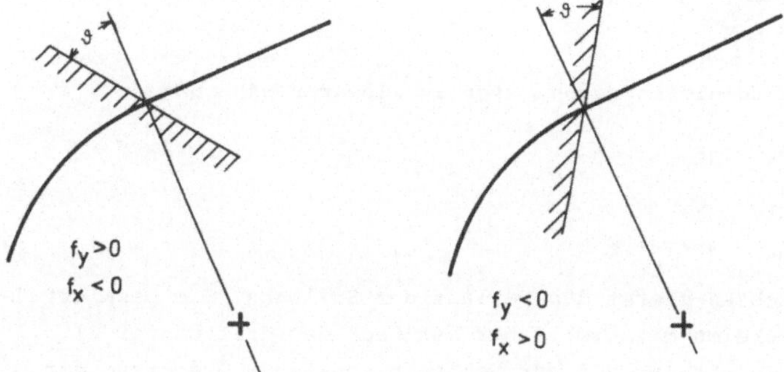

Abb.3.12 Das Vorzeichen der Brennweite bei der Linsenwirkung des
Randfeldes eines magnetischen Sektorfeldes

Elektrische Felder

Wir behandeln die Bewegung im Randfeld eines Parallelplattenkondensators. Die Grundgleichungen des Feldes und die Randbedingungen
sind dieselben wie beim magnetischen Feld. Abb.3.13 zeigt die elektrischen Feldlinien im Randbereich des Kondensators. Sie sind mit
den magnetischen Feldlinien in Abb.3.11 identisch. Wegen des unterschiedlichen Kraftgesetzes liegt die Sollbahn nun allerdings in der
Zeichenebene. Wir legen daher die y-Achse nun senkrecht zur Zeichenebene und die ξ- und ζ-Achsen in die Zeichenebene. Bei großer Ausdehnung der Anordnung in y-Richtung gibt es keine Komponente des
elektrischen Feldvektors in der y-Richtung. Die Beziehungen der Gl.
3.46 lassen sich mit den geänderten Koordinatenbezeichnungen übertragen. Mit der Abkürzung

$$E(\zeta) = E_\xi(\xi=0,\zeta) \tag{3.56}$$

gilt

$$E_y = 0$$

$$E_\xi(\xi,\zeta) = E(\zeta) + \ldots$$

$$E_\zeta(\xi,\zeta) = dE/d\zeta \cdot \xi + \ldots \tag{3.57}$$

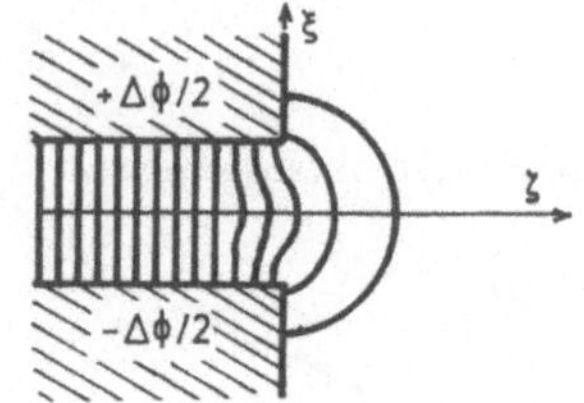

Abb.3.13 Randfeld eines Parallelplattenkondensators. Die Sollbahn
liegt in der Zeichenebene.

Die Bewegungsgleichungen lauten in linearer Näherung

$$m\ddot\xi = qE(\zeta)$$

$$m\ddot y = 0$$

$$m\ddot\zeta = qE'(\zeta)\cdot\xi \tag{3.58}$$

Wir betrachten zuerst den Verlauf der Sollbahn. Sie passiert den
Randfeldbereich mit $\xi\approx0$, daher ist nach der dritten der Gl.3.58 die
Geschwindigkeit $\dot\zeta=v$ auf der Sollbahn konstant. Die erste der Glei-
chungen läßt sich in diesem Fall integrieren, man erhält

$$m\dot\xi = q/v \int E(\zeta)d\zeta \tag{3.59}$$

Das ist eine ganz ähnliche Beziehung wie die Gl.3.49, die für das
magnetische Randfeld gilt. Sie erlaubt ebenso wie dort, die Richtung der Sollbahn im feldfreien Bereich aus den Anfangsbedingungen
im Feldbereich zu bestimmen. Auch nun kann man die Wirkung des tatsächlichen Randfeldes durch die eines Ersatzfeldes beschreiben, das
bis zur effektiven Feldgrenze $\zeta=\zeta_o$ homogen ist und dort abrupt auf
Null fällt. Die effektive Feldgrenze ist wieder durch die Beziehung
Gl.3.51 definiert, man muß nur E statt B lesen. Die anschauliche
Bedeutung dieser Definition, wie in Abb.3.11c illustriert, bleibt
ebenfalls ungeändert.

Die Sollbahnrichtung kann also mit demselben einfachen Verfahren
konstruiert werden wie beim magnetischen Feld. Bei anderen Bahnen
ergeben sich Unterschiede. Auf Bahnen abseits der Sollbahn ändert
sich im Randfeld die Geschwindigkeit - die Teilchen haben einen Po-

tentialberg hinauf- oder hinunterzulaufen. Gl.3.59 gilt für solche Bahnen nicht exakt, es treten vielmehr weitere in ξ lineare Terme hinzu. Aus diesem Grund lenkt das elektrische Randfeld Paraxialstrahlen anders ab als die Sollbahn; es übt eine zusätzliche Linsenwirkung aus. Die Brennweite hat die Größenordnung

$$f_\xi = -a\ (8E_{kin}/q\Delta\phi)^2 \tag{3.60}$$

$\Delta\phi$ ist die Spannung zwischen den Kondensatorplatten, a ist der halbe Plattenabstand. Die Brennweite ist meist sehr groß. Werden die Linsenwirkung des Randfeldes und die kleinen Parallelversetzungen der Bahnen im Randfeld vernachlässigt, dann kann man alle Bahnen auf die übliche Art mit Hilfe der effektiven Feldgrenze konstruieren.

Bei diesen Überlegungen wurde implizit vorausgesetzt, daß die Sollbahn ungefähr in Richtung der ζ-Achse verläuft. Für eine schräg verlaufende Sollbahn, mit einer Geschwindigkeitskomponente in ξ-Richtung, gibt es keine einfachen Aussagen.

<u>Herzogblenden</u>
Die Randfelder in Abb.3.11 und 3.13 haben eine recht große räumliche Ausdehnung. Eine geringere Ausdehnung wird mit Elektroden- oder Polschuhanordnungen wie in Abb.3.14 erreicht. Auf die felderzeugenden Elektroden (Polschuhe) links folgt eine Blende ("Herzogblende"), die die Ausdehnung des Feldes begrenzt. Wir setzen weiterhin voraus, daß das Feldlinienbild symmetrisch zur ζ-Achse ist. Bei elektrischen Feldern wird das erreicht, wenn die Kondensatorplatten auf entgegengesetztem Potential liegen und die Herzogblende das Potential Null hat. Für magnetische Felder läßt sich die Forderung mit Hilfe zusätzlicher Spulen ebenfalls erfüllen. Die magnetischen und elektrischen Feldlinienbilder sind bei gleicher Geometrie identisch, die effektiven Feldgrenzen liegen bei magnetischen und elektrischen Feldern an der gleichen Stelle.

Der Randfeldverlauf und die Lage der effektiven Feldgrenze sind von R. Herzog in einer Reihe von Arbeiten für die dargestellten Anordnungen berechnet worden [13]. Außer den hier dargestellten Ergebnissen findet man dort Daten über Anordnungen mit unsymmetrischem Feldlinienbild und Daten über die Linsenwirkung elektrischer Randfelder. Die Lage der effektiven Feldgrenze für den symmetrischen Fall entnimmt man aus Abb.3.15. Die dicken Kurven gelten für eine Anordnung mit dicker Blende, wie in Abb.3.14a, die dünnen Kur-

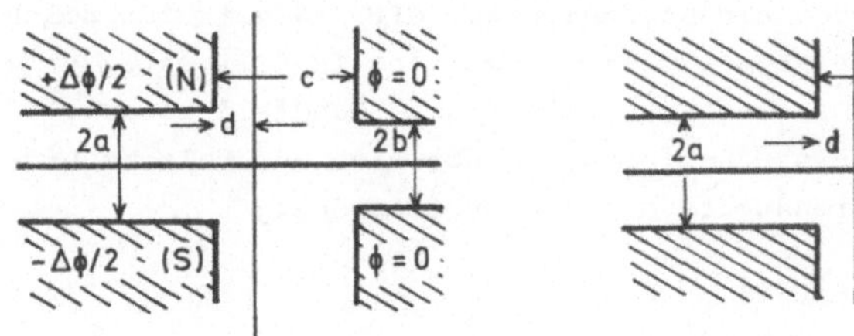

Abb.3.14 Herzogblenden. Das von den Kondensatorplatten oder Polschuhen links erzeugte Feld wird durch eine zusätzliche Blende nach
rechts begrenzt. Die effektive Feldgrenze liegt im Abstand d vor
den Platten (Polschuhen). Für eine sehr dicke (linkes Bild) und
eine dünne (rechtes Bild) Herzogblende kann man die Lage der effektiven Feldgrenze aus Abb.3.15 entnehmen.

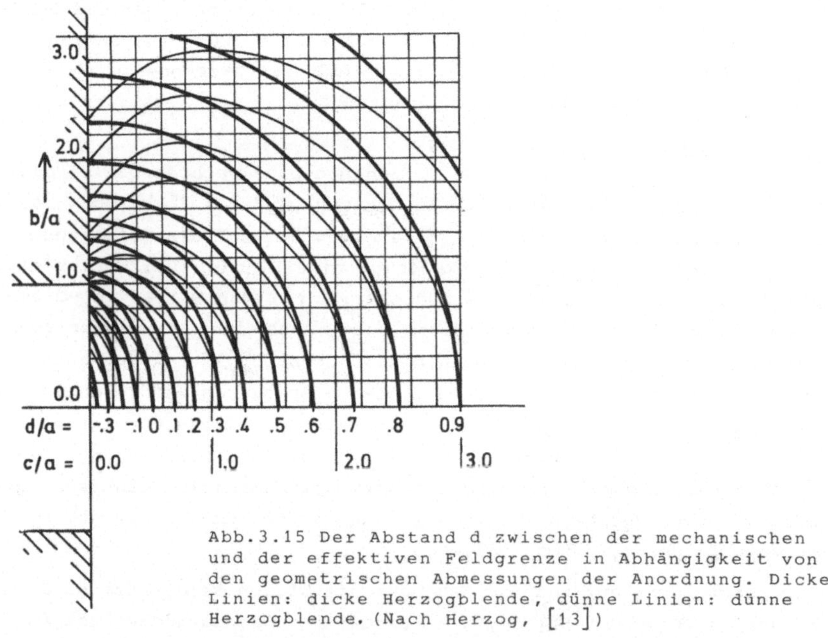

Abb.3.15 Der Abstand d zwischen der mechanischen
und der effektiven Feldgrenze in Abhängigkeit von
den geometrischen Abmessungen der Anordnung. Dicke
Linien: dicke Herzogblende, dünne Linien: dünne
Herzogblende. (Nach Herzog, [13])

ven für die Anordnung mit der dünnen Blende. In Abb.3.15 ist am
linken Rand das Ende der Kondensatorplatten (Polschuhe) dargestellt. Man ergänzt das Bild um die Herzogblende in der richtigen
Position. Der Parameter der durch die Blendenkante gehenden Kurve
(dick oder dünn, je nachdem) ist der Wert d/a; das ist die Strecke

d, um die das effektive Feld die Kondensatorplatten überragt, ge-
teilt durch den halben Plattenabstand. Bei negativem d liegt die
effektive Feldgrenze im Kondensatorinneren.

Abb.3.16 zeigt ein Anwendungsbeispiel. Ein Zylinderkondensator mit
dem Winkel γ_{mech}=127.2° zwischen den Elektrodenenden ist unmittelbar
am Plattenende (c$\approx$0) mit einer dünnen Blende mit kleinem Spalt (b$\approx$0)
versehen. Man entnimmt d$\approx$-0.45a aus der Abb.3.15. Der dargestellte
Kondensator hat a/r_o=0.1 (r_o ist der Sollbahnradius) und daher d/r_o
$\approx$-0.045=-2.6°. Die effektive Feldgrenze liegt an beiden Enden des
Sektorfeldes um diesen Winkel weiter innen als die mechanische
Feldgrenze. Das Sektorfeld hat daher einen effektiven Winkel γ_{eff}
von nur 122.0°. Das hat eine Reihe von Konsequenzen:
a) Die Sollbahn wird durch das Sektorfeld um 122° abgelenkt und
nicht, wie man bei ungenauer Behandlung erhält, um 127.2°.
b) Die optischen Eigenschaften sind die eines 122°-Kondensators,
nicht die eines 127°-Kondensators. Mit Gl.3.30 findet man aber,
daß die Anordnung trotzdem ziemlich genau den Eintritts- auf den
Austrittsspalt abbildet. Das liegt daran, daß die geraden Bahnstük-
ke beim 122°-Kondensator sich in dem kleinen Bereich zwischen ef-
fektiver und mechanischer Feldgrenze nur wenig von den gekrümmten
Bahnen des 127°-Kondensators entfernen können.

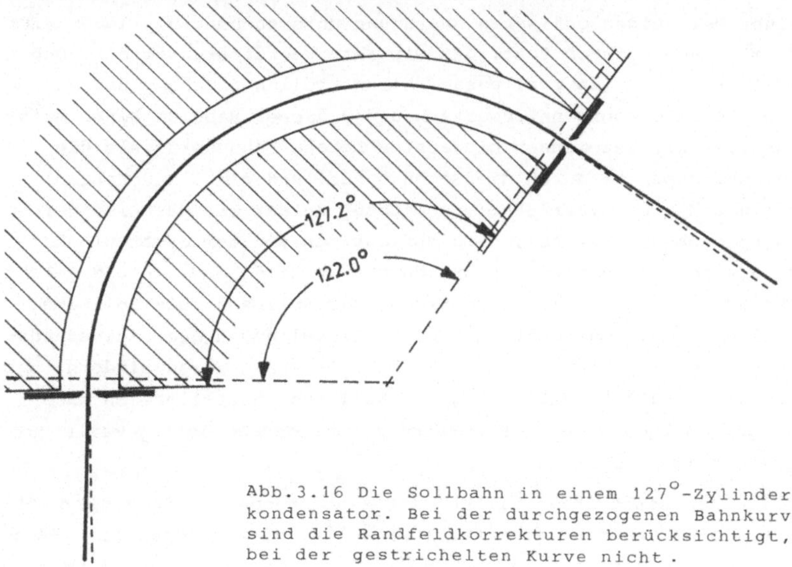

Abb.3.16 Die Sollbahn in einem 127°-Zylinder-
kondensator. Bei der durchgezogenen Bahnkurve
sind die Randfeldkorrekturen berücksichtigt,
bei der gestrichelten Kurve nicht.

c) Die Sollbahn geht an einem anderen Ort durch die Blendenebene
als beim 127°-Kondensator. Der Unterschied ist gering.
Schließlich gibt es noch die zusätzliche Linsenwirkung des Randfeldes. Aus Gl.3.8, 3.12 und 3.60 errechnet man, daß die Brennweite
die Größenordnung $40r_{0}$ hat. Das ist praktisch immer zu vernachlässigen.

Man erkennt an der Abb.3.16, daß der Zylinderkondensator im Randfeldbereich praktisch wie ein Parallelplattenkondensator aussieht.
Das rechtfertigt die stillschweigende Übertragung der für den Parallelplattenkondensator gewonnenen Ergebnisse. Ebenso sollten sich
die Resultate auf die Randfelder von Toruskondensatoren und von
magnetischen Feldern mit Feldgradienten übertragen lassen.

Abgesehen von numerischen Angaben über die Linsenwirkung elektrischer Randfelder bleiben die in diesem Abschnitt besprochenen Resultate auch bei relativistischen Geschwindigkeiten gültig.

<u>3.5 Optische Abbildung bei Systemen mit gekrümmter Hauptachse,
    Abbildungsfehler zweiter Ordnung</u>

Ähnlich wie Abschnitt 2.7 wollen wir auch hier die Teilchenbahnen
in einer beliebigen optischen Anordnung untersuchen. Wir legen eine
bestimmte Bahn dadurch fest, daß wir ihre Koordinatenwerte x_{0} und
y_{0} sowie x_{a} und y_{a} an zwei ausgewählten Stellen angeben, und wir
untersuchen die Koordinatenwerte x und y dieser Bahn an einer dritten Stelle. Wir bezeichnen die ersten beiden Bahnpunkte als die
Durchstoßungspunkte durch die Gegenstands- und die Blendenebene;
werden x und y an einer Stelle gemessen, an der man das Bild der
Gegenstandsebene erwartet, dann spricht man von dem dritten Bahnpunkt als dem Durchstoßungspunkt durch die Bildebene. x- und y-Achse wählen wir grundsätzlich senkrecht zur Sollbahn. Die Sollbahn
geht also definitionsgemäß im rechten Winkel durch die Gegenstands-
Blenden- und Bildebenen (Das soll aber niemanden daran hindern, bei
Bedarf eine reale Blende schräg zur Sollbahn zu stellen. Es kann
dafür gute Gründe geben). Der Koordinatenursprung soll jeweils zur
Sollbahn selbst gehören.

Im folgenden beschränken wir uns auf Anordnungen mit Spiegelsymmetrie. Das sind Anordnungen mit ebener Sollbahn; wir legen die y-Achse senkrecht zur Sollbahnebene und fordern, daß mit jeder Bahn x, y

auch die an der Sollbahnebene gespiegelte Bahn x, -y eine exakt
mögliche Bahn darstellt. Man sieht leicht, daß diese Forderung von
elektrischen Feldern mit der Eigenschaft

$$E_x \rightarrow E_x \ , \qquad E_y \rightarrow -E_y \ , \qquad E_z \rightarrow E_z \qquad \text{wenn} \quad y \rightarrow -y \qquad (3.61)$$

erfüllt wird und von magnetischen Feldern mit

$$B_x \rightarrow -B_x \ , \qquad B_y \rightarrow B_y \ , \qquad B_z \rightarrow -B_z \qquad \text{wenn} \quad y \rightarrow -y \qquad (3.62)$$

Die Forderung nach Spiegelsymmetrie führt zu unterschiedlichen Bedingungen für elektrische und magnetische Felder. Insbesondere besitzen rotationssymmetrische elektrische Linsen Spiegelsymmetrie,
rotationssymmetrische magnetische Linsen besitzen sie, in der hier
verwendeten Bedeutung, nicht. Alle in den Abschnitten 3.2, 3.3 und
3.4 besprochenen Anordnungen, mit Ausnahme der magnetischen Linsenspektrometer, sind spiegelsymmetrisch.

Wir führen wie in Abschnitt 2.7 die komplexe Bahnkoordinate $u=x+iy$
ein. Eine Bahn und ihr Durchstoßungspunkt u durch die dritte (die
Bild-) Ebene liegen eindeutig fest, wenn die ersten beiden Durchstoßungspunkte und die Energie bekannt sind,

$$u = f(u_o, u_o^*, u_a, u_a^*, E-E_o) \qquad (3.63)$$

E_o ist die Sollenergie, bei Magnetfeldern steht statt $E-E_o$ die
Größe $p-p_o$ in dieser und den folgenden Formeln. Entwicklung nach
den kleinen Größen u_o, u_o^*, u_a, u_a^* und $E-E_o$ liefert

$$u = \sum_{\alpha\beta\gamma\delta\varepsilon} c_{\alpha\beta\gamma\delta\varepsilon} \ u_o^\alpha u_o^{*\beta} u_a^\gamma u_a^{*\delta} (E-E_o)^\varepsilon \qquad (3.64)$$

Der Koeffizient c_{ooooo} ist Null, denn $u_o=u_a=E-E_o=0$ muß die Sollbahn,
also $u=0$, ergeben. Die Forderung nach Spiegelsymmetrie führt zu der
Einschränkung

$$c_{\alpha\beta\gamma\delta\varepsilon} = \text{reell} \qquad (3.65)$$

Weitere Bedingungen haben die Koeffizienten im allgemeinen
nicht zu erfüllen. Der Zylinderkondensator und das homogene Magnetfeld besitzen eine weitere Symmetrieeigenschaft (das Magnetfeld
nur, wenn es kein Randfeld gibt). Die Translation einer Bahn in y-
Richtung ergibt immer eine weitere exakt mögliche Bahn. Daraus
ergeben sich weitere einschränkende Bedingungen für die Koeffizien-

ten. In linearer Näherung bekommt man aus Gl.3.64 und 3.65

$$x = c_1 x_o + c_2 x_a + c_3 (E-E_o)$$

$$y = c_4 y_o + c_5 y_a \tag{3.66}$$

Die c_i sind bestimmte Linearkombinationen der $c_{\alpha\beta\gamma\delta\epsilon}$. Gl.3.66 bedeutet

a) Für $E=E_o$ gelten die Gesetze der Gauß'schen Optik; das stimmt auch für Systeme ohne Spiegelsymmetrie.

b) Dispersion gibt es nur für die x-Richtung.

c) x- und y-Bewegung sind unabhängig voneinander. Es gilt der Satz von Lippich: Windschiefe Bahnen können durch Komponentenzerlegung konstruiert werden.

d) Die optischen Eigenschaften für die x- und die y-Bewegung sind im allgemeinen verschieden.

Verschwindet c_2, dann liegt für die x-Komponente Abbildung vor. c_1 ist dann die Vergrößerung und c_3 die Dispersion.

Im Gegensatz zum rotationssymmetrischen Fall kommen in der Reihenentwicklung Gl.3.64 nun auch Terme zweiter Ordnung vor. Sie beschreiben Abweichungen von der Gauß'schen Optik. Der Realteil dieser Terme gibt jeweils die Abweichung in x-Richtung, der Imaginärteil die Abweichung in y-Richtung an. Folgende Terme können vorkommen:

Terme	Realteil x	Im.-teil y	Bezeichnung
$(E-E_o)^2$	$(E-E_o)^2$	0	
$(E-E_o)u_a, \ (E-E_o)u_a^*$	$(E-E_o)x_a$	$(E-E_o)y_a$	
$(E-E_o)u_o, \ (E-E_o)u_o^*$	$(E-E_o)x_o$	$(E-E_o)y_o$	
$u_a^2, \ u_a u_a^*, \ u_a^{*2}$	$x_a^2, \ y_a^2$	$x_a y_a$	Öffnungsfehler 2. Ordnung
$u_a u_o, \ u_a u_o^*, \ u_a^* u_o, \ u_a^* u_o^*$	$x_a x_o, \ y_a y_o$	$x_a y_o, \ x_o y_a$	
$u_o^2, \ u_o u_o^*, \ u_o^{*2}$	$x_o^2, \ y_o^2$	$x_o y_o$	Verzeichnung 2.Ordnung

$$\tag{3.67}$$

Die Aufteilung in Real- und Imaginärteil gilt so nur bei spiegelsymmetrischen Systemen. Im folgenden wird die Auswirkung dieser Abbildungsfehler im Spektrometerbetrieb näher untersucht. Da man dann im allgemeinen in der Bildebene einen in y-Richtung ausgedehnten Spalt vorliegen hat, sind die Abweichungen in y-Richtung von wenig Interesse. Die Auswirkung der Fehler in der zweiten Spalte der Tabelle ist in Abb.3.17 dargestellt.

a) Terme $\sim (E-E_o)^2$: der Bildort verschiebt sich nicht streng linear mit der Energie.

b) Terme $\sim (E-E_o)x_a$: durch Zusammenfassen mit dem zweiten Term in der ersten der Gl.3.66 erkennt man, daß dies eine Verschiebung des Bildes mit der Energie beschreibt, die aus der Bildebene hinausführt (beachte beim Nachrechnen, daß c_2 ortsabhängig ist). Die willkürliche Festlegung der Bildebene als eine Ebene senkrecht zur Sollbahn wird hierdurch berichtigt.

c) Terme $\sim (E-E_o)x_o$: energieabhängige Vergrößerung.

d) Terme $\sim x_a^2$, y_a^2: Beschränkt man sich auf Bahnen mit $u_o=0$, dann kann man wie beim Öffnungsfehler 3.Ordnung statt x_a und y_a die Winkel α_x und α_y zwischen der Sollbahn und den Bahnprojektionen in der Gegenstandsebene einführen. Das führt zu Termen mit α_x^2 und α_y^2. Im Gegensatz zum Öffnungsfehler 3.Ordnung zeigen die Abweichungen für positive und negative Winkel immer in ein und dieselbe Richtung, siehe Abbildung.

e) Terme $\sim x_a x_o$: Das Bild liegt nicht als Ganzes in der Bildebene, sondern es ist gekippt, siehe Abbildung.

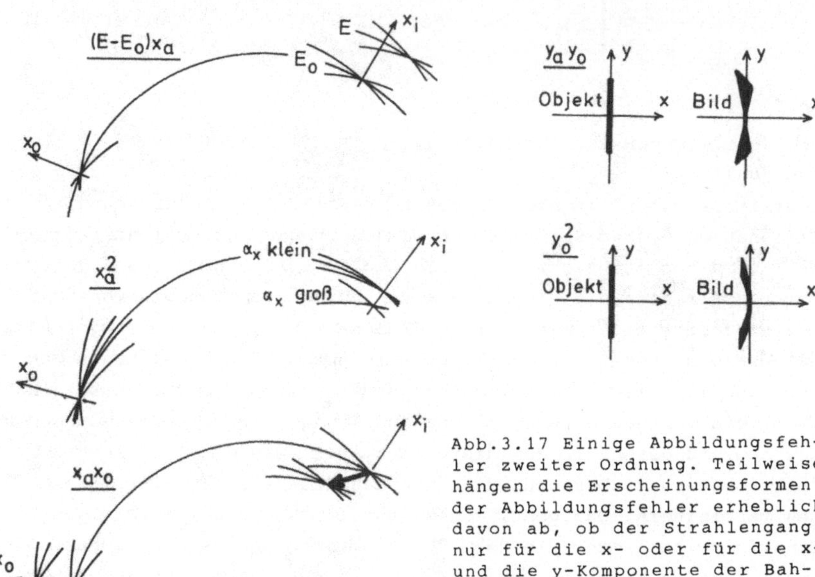

Abb.3.17 Einige Abbildungsfehler zweiter Ordnung. Teilweise hängen die Erscheinungsformen der Abbildungsfehler erheblich davon ab, ob der Strahlengang nur für die x- oder für die x- und die y-Komponente der Bahnen fokussierend ist.

f) Terme $\sim y_a y_o$: Aus einer in y-Richtung verlaufenden Linie am Gegenstandsort wird ein X-förmiges Gebilde.

g) Terme $\sim x_o^2$ sind klein, wenn der Gegenstand (der Eintrittsspalt)
schmal ist.

h) Terme $\sim y_o^2$ ergeben ein gekrümmtes Bild des Eintrittsspaltes.

Für die mit einem Spektrometer erreichbare Auflösung sind vor allem
die Bildfehler mit x_a^2, y_a^2, y_o^2 und $y_a y_o$ von Bedeutung. Das Gauß'sche
und das tatsächliche Bild eines Spektrometereintrittsspaltes sind
in Abb.3.18 dargestellt. Dabei ist angenommen, daß die Koeffizienten der ersten drei der genannten Terme alle gleiches Vorzeichen
haben.

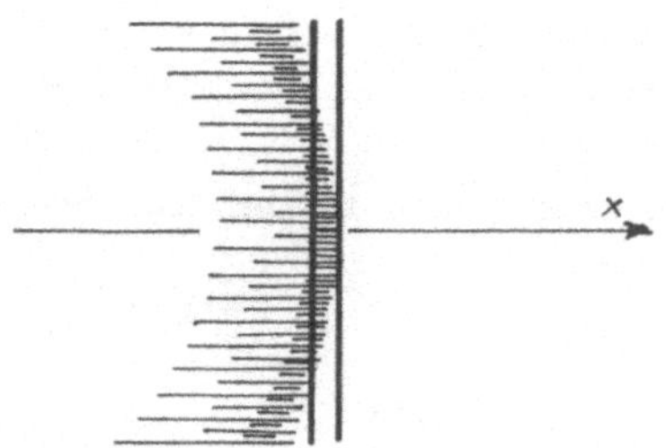

Abb.3.18 Das Gauß'sche Bild
(zwischen den Linien) und das
tatsächliche Bild eines Spaltes

Die Überlegungen aus Abschnitt 3.1 über die Energieunschärfe bleiben qualitativ richtig, allerdings muß man nun unter dem "Bild des
Eintrittsspaltes" in Abb.3.2 das tatsächliche Bild verstehen, nicht
das Gauß'sche. Das Spektrometer wird nach wie vor optimal betrieben, wenn das (tatsächliche) Bild des Eintrittsspaltes und der Austrittsspalt etwa die gleiche Breite haben. Die Transmissionskurve
ist natürlich nicht mehr streng dreiecksförmig, sondern abgerundet.
Mit einem unsymmetrischen Bild wie in Abb.3.18 bekommt man sogar
eine unsymmetrische Transmissionskurve; unsymmetrische Peaks sind
immer ein Zeichen dafür, daß die Auflösung eines Spektrometers von
den Abbildungsfehlern dominiert wird. Will man die Auflösung eines
Spektrometers verbessern, dann muß man das Bild des Eintrittsspaltes verkleinern. Das geht, indem man die Abbildungsfehler, also die
Eintrittswinkel oder die Höhe des Eintrittsspaltes, verringert oder
indem man den Eintrittsspalt schmaler macht. Dabei hat es aber keinen Sinn, einen dieser Beiträge besonders klein zu machen. Das würde

lediglich die in das Spektrometer gelangende Teilchenzahl verringern, ohne daß das Bild und damit die Energieunschärfe merklich kleiner würde. Im optimalen Betrieb hat man daher Beiträge etwa der gleichen Größenordnung von den verschiedenen Bildfehlern und von der Breite des Gauß'schen Bildes zur Breite des tatsächlichen Bildes.

Die Werte der Bildfehlerkonstanten sind für die gängigen Feldtypen in der Literatur zu finden. Wenn die exakten Bahnen von einfacher Art sind, lassen sie sich leicht ausrechnen. Das soll hier am Beispiel des homogenen Magnetfeldes durchgeführt werden. In linearer Näherung (Gl.3.39) gibt es eine Abbildung nach 180°, Bahnen, die an einem Punkt auf der Sollbahn beginnen, treffen nach 180° wieder auf die Sollbahn oder verlaufen genau senkrecht über oder unter ihr. Die exakten Bahnen sind Spiralen, die Projektionen in die Sollbahnebene sind Kreise mit dem Radius

$$r = \sqrt{p_x^2 + p_z^2} \ / qB \tag{3.68}$$

Wir betrachten nur Teilchen, die alle den gleichen Impuls, den Sollimpuls p_o, besitzen. r läßt sich dann in der Form

$$r = r_o \sqrt{1 - p_y^2/p_o^2} \approx r_o (1 - \alpha_y^2/2) \qquad \alpha_y = p_y/p_o \tag{3.69}$$

ausdrücken. r_o ist der Sollbahnradius, α_y ist der Winkel zwischen der y-Projektion der Bahn am Bahnbeginn und der Sollbahn. Bahnen mit $\alpha_x = 0$ und $\alpha_y \neq 0$ verlaufen also nicht genau über oder unter der Sollbahn. Sie sind entsprechend dem kleineren Bahnradius nach 180° um $r_o \alpha_y^2$ nach innen versetzt. Bahnen, die in der Sollbahnebene mit einem Winkel α_x zur Sollbahn starten, kommen nach 180° ebenfalls nicht exakt auf der Sollbahn an. Anhand von Abb.3.19 findet man leicht, daß sie um $r_o \alpha_x^2$ nach innen versetzt sind. Der Öffnungsfehler zweiter Ordnung ist also durch

$$\Delta x_i = -r_o (\alpha_x^2 + \alpha_y^2) \tag{3.70}$$

gegeben. Wie man leicht sieht, sind die Bildfehlerkonstanten zu y_o^2 und $y_o y_a$ Null. Die restlichen Bildfehler, die aber für den Spektrometerbetrieb von geringerer Bedeutung sind, lassen sich auch ohne Probleme berechnen.

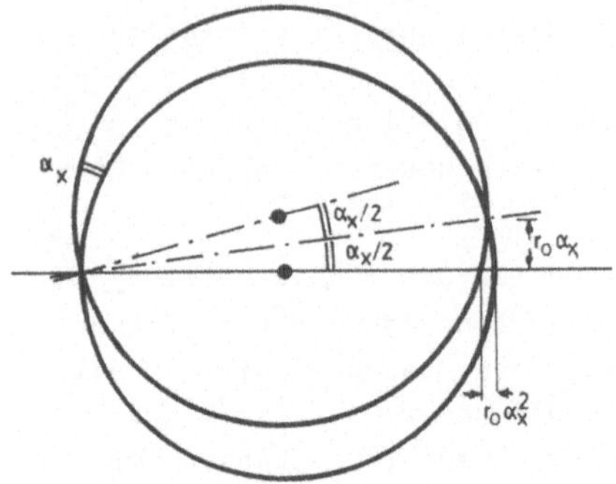

Abb.3.19 Zur Berechnung der Abbildungsfehler zweiter Ordnung beim
homogenen Magnetfeld

Als Anwendungsbeispiel betrachten wir einen 180°-Sektormagneten,
der an Anfang und Ende mit schmalen Spalten versehen ist und der
als Massenspektrometer betrieben werden soll. Wählt man $\alpha_x = 5^O \approx$
0.1rad und $\alpha_y \ll \alpha_x$, dann liefert der Öffnungsfehler Δx nach Gl.3.70
den Beitrag $0.01r_o$ zur Bildbreite. Bei optimalem Betrieb wird man
also mit Ein- und Austrittsspalten arbeiten, deren Breite dieselbe
Größenordnung hat,

$$S_e \approx S_a \approx \Delta x \approx 0.01r_o \qquad (3.71)$$

Die Dispersion des 180°-Magneten ist nach Gl.3.39 $D=2r_o/p_o$. Mit Gl.
3.3 findet man für das Impulsauflösungsvermögen der Anordnung

$$p_o/\delta p = p_o\, D/S_a = 200 \qquad (3.72)$$

Die Masse ist proportional zum Quadrat des Impulses, das Massenauflösungsvermögen $m_o/\delta m$ ist darum nur 100.

Wir nehmen an, daß die mit dem Massenspektrometer untersuchten
Ionen aus einem Quellgebiet der Ausdehnung 1mm stammen, daß sie
dort ohne Vorzugsrichtung mit Energien um 0.1eV entstehen, und daß
sie vor dem Eintritt in das Spektrometer auf 1keV nachbeschleunigt
werden. Legt man Wert darauf, alle entstandenen Ionen in das Massenspektrometer zu bekommen, dann ergeben sich weitere Bedingungen.
Wegen der Konstanz des Phasenraumvolumens muß nach Gl.2.90

$$S_e\, \alpha_x > 1mm\ 2\pi\ \sqrt{0.1eV/1keV} \approx 0.06mm \qquad (3.73)$$

sein. α_x haben wir oben bereits als 0.1rad festgelegt, der Eintrittsspalt muß also mindestens 0.6mm breit sein. Daraus ergibt
sich mit Gl.3.71 schließlich auch ein Mindestwert für den Sollbahn-

radius, nämlich 60mm. Für Ionen der Massenzahl 100 wird bei diesem Radius eine Feldstärke von 1.5T benötigt.

Wiederholt man die Argumentation für einen um den Faktor Zwei reduzierten Eintrittswinkel α_x, dann findet man, daß S_e/r_o, das Verhältnis von Spaltbreite zu Sollbahnradius, gegenüber dem bisherigen Wert um den Faktor Vier verkleinert werden sollte. Das Auflösungsvermögen steigt um denselben Faktor an. Die Forderung, bei verringertem Winkel α_x alle Ionen ins Spektrometer zu bekommen, bewirkt, daß man die Breite S_e des Eintrittsspaltes vergrößern muß, nach Gl. 3.73 um den Faktor Zwei. Da S_e/r_o sich gleichzeitig auf ein Viertel verringern soll, muß der Sollbahnradius um den Faktor Acht vergrössert werden. Es gilt ganz allgemein, daß eine hohe Auflösung bei großer Intensität nur mit einem Apparat mit großer Lineardimension erreicht werden kann.

Abbildungsfehler zweiter Ordnung können korrigiert (zu Null gemacht) werden. Abb.3.20 zeigt den Verlauf der Feldstärke quer zur Sollbahn in einem 180°-Magneten, der so konstruiert ist, daß der Koeffizient des Öffnungsfehlers α_x^2 verschwindet. Da das Maximum der Feldstärke auf der Sollbahn erreicht wird, haben abweichende Bahnen eine geringere Krümmung. So kommt es, daß sie die Sollbahn stets nach genau 180° schneiden, statt wie beim homogenen Feld etwas früher. Wenn man mehrere Geräte mit gekrümmter Sollbahn kombiniert, dann ist es oft möglich, dafür zu sorgen, daß die Bildfehler zweiter Ordnung sich zum Teil gegenseitig kompensieren. Man setzt zu diesem Zweck auch Hexapolfelder ein. Das sind Anordnungen wie in Abb.2.16, aber mit sechs statt vier Elektroden. Die Feldstärke $\vec{E}$ oder $\vec{B}$ steigt mit dem Quadrat des Achsabstandes an, so daß die Gauß' schen Bahnen Geraden sind. Das Feld produziert aber Abbildungsfehler zweiter Ordnung, die sich zur Kompensation verwenden lassen.

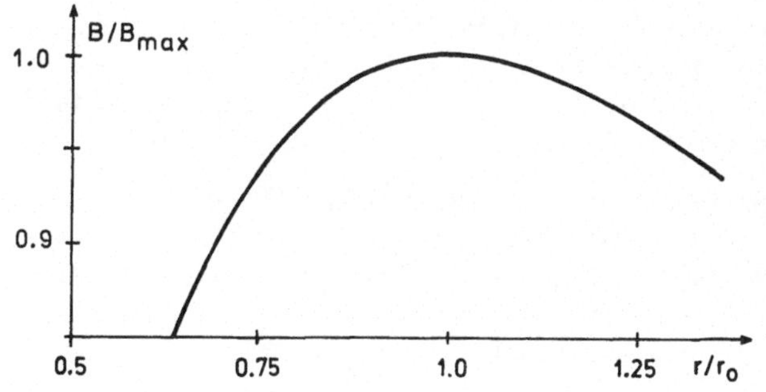

Abb.3.20 Variation der Feldstärke mit dem Radius in einem magnetischen 180°-Sektorfeld, dessen Öffnungsfehler α_x^2 verschwindet (Nach Beiduk und Konopinski, [14])

3.6 Mehrfachfokussierende Anordnungen

Fokussierung heißt, daß an einem Punkt beginnende Bahnen, die sich
in einer Eigenschaft unterscheiden, an einem anderen Punkt wieder
zusammenlaufen. Mehrfachfokussierung heißt, daß die Bahnen wieder
zusammenkommen, obwohl sie sich in mehr als einer Eigenschaft unterscheiden. Solche Eigenschaften können sein: Richtung, Energie,
Impuls, Masse und viele andere.

Richtungsdoppelfokussierung

Dieser Begriff bedeutet, daß Bahnen, die sich in den Winkeln α_x und
α_y zur yz- und zur xz-Ebene unterscheiden, sich in einem Punkt wieder schneiden. Trivialerweise haben alle rotationssymmetrischen
Linsen diese Eigenschaft. Richtungsdoppelfokussierung zeigen auch
alle Kugelkondensator- Sektorfelder und alle magnetischen Sektorfelder mit dem Feldgradienten 1/2 und mit Feldgrenzen, die senkrecht auf der Sollbahn stehen. Eine Anordnung, die Richtungsdoppelfokussierung nur bei einer bestimmten Lage des Gegenstandes zeigt,
ist das Quadrupolpaar der Abb.2.18b. Ähnliche Systeme lassen sich
ohne weiteres aus Prismen konstruieren.
Sprachgebrauch: Man spricht von einer richtungsdoppelfokussierenden
Abbildung auch als einer "stigmatischen" oder einer Punkt-zu-Punkt
Abbildung. Ein optisches System, das in erster Ordnung keine stig-
matische Abbildung liefert, heißt "astigmatisch". Quadrupollinsen
und die meisten Prismen sind astigmatisch in erster Ordnung. Gewis-
se Abbildungsfehler (die, die aus Punkten Striche machen) werden
ebenfalls mit dem Wort astigmatisch bezeichnet. Systeme, die diese
Bildfehler nicht besitzen, heißen "anastigmatisch".

Energie- und Richtungsfokussierung im elektrischen Feld

Eine solche Anordnung wird zum Beispiel benötigt, wenn man einen
Parallelstrahl mit großer Energieinhomogenität so ablenken will,
daß wieder ein Parallelstrahl entsteht. Fokussierung von $-\infty$ nach $+\infty$
genügt nicht, man muß darüber hinaus fordern, daß die Ablenkung für
alle Energien gleich ist. Die Forderung wird zum Beispiel vom 254°-
Zylinderkondensator erfüllt.

Impuls- und Richtungsfokussierung im magnetischen Feld

Die Motivation ist dieselbe wie im letzten Fall. Anordnungen mit
Magnetfeldern werden aber häufiger verwendet. Zwei Beispiele zeigt
die Abb.3.21. Das zweite System ist außerdem noch richtungsdoppel-,
also insgesamt dreifachfokussierend!

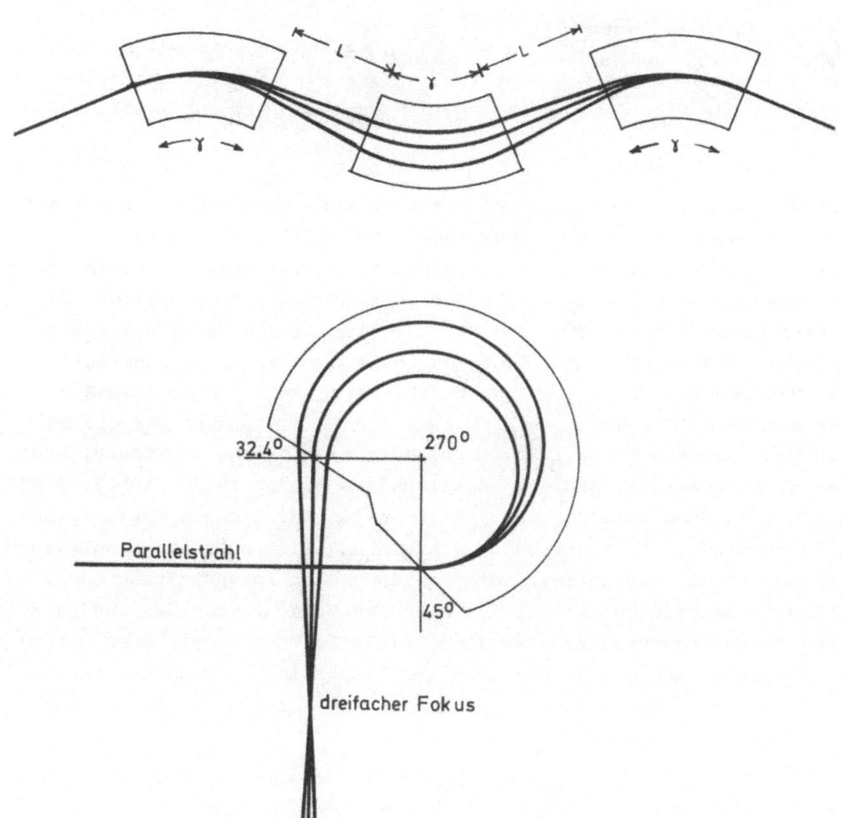

Abb.3.21 Impuls- und richtungsfokussierende Anordnungen. Es sind jeweils die Sollbahnen und zwei Bahnen mit etwas abweichendem Impuls dargestellt.(Nach Enge in [1])

Sprachgebrauch: Systeme, bei denen der Durchstoßungspunkt einer Bahn durch die Bildebene in erster Ordnung nicht von der Energie oder dem Impuls abhängt, heißen "nichtdispersiv". Systeme, bei denen der Durchstoßungspunkt in höherer Ordnung energie- oder impulsabhängig ist, heißen "chromatisch". Sind diese Bildfehler korrigiert, dann heißt das System "achromatisch". Rotationssymmetrische Linsen sind aufgrund ihrer Symmetrie stets nichtdispersiv, aber sie sind im allgemeinen chromatisch.

Mehrfachfokussierung mit Dispersion

Die Motativation für den Bau solcher Anordnungen kann man sich an einem Massenspektrometer deutlich machen. Ein magnetisches Massenspektrometer mißt den Impuls, und man schließt mit der Relation

$$m = p^2/2E \qquad\qquad (3.74)$$

auf die Masse. In den gängigen Massenspektrometern werden die Ionen auf eine Energie E unter 10keV beschleunigt. Je nach der Art der Erzeugung der Ionen muß man mit einer mehr oder weniger großen Energieunschärfe rechnen, 1eV oder mehr sind durchaus möglich. Bei fester Masse ergibt sich nach Gl.3.74 eine Impulsunschärfe, bei gemessenem Impuls führt die Energieunschärfe zu einer Unsicherheit in der Massenbestimmung. Als Abhilfe könnte man einen Energieanalysator einbauen, der nur Ionen mit einer genau bestimmten Energie in das Massenspektrometer läßt. Man bekommt eine solche Anordnung, wenn man sich vorstellt, daß die gestrichelten Bahnen in der Abb.3.22 an der mit "Zwischenbild" bezeichneten Stelle durch einen Spalt ausgeblendet werden. In einer solchen Anordnung wird aber ein erheblicher Teil der Ionen aussortiert, die Anordnung ist intensitätsschwach. Abb.3.22 zeigt einen wesentlich geschickteren Einsatz des zusätzlichen Energieanalysators. Für Ionen einheitlicher Masse, aber unterschiedlicher Energie kompensiert die Dispersion im Magneten gerade die Dispersion im Energieanalysator. Statt Ionen der richtigen Mas-

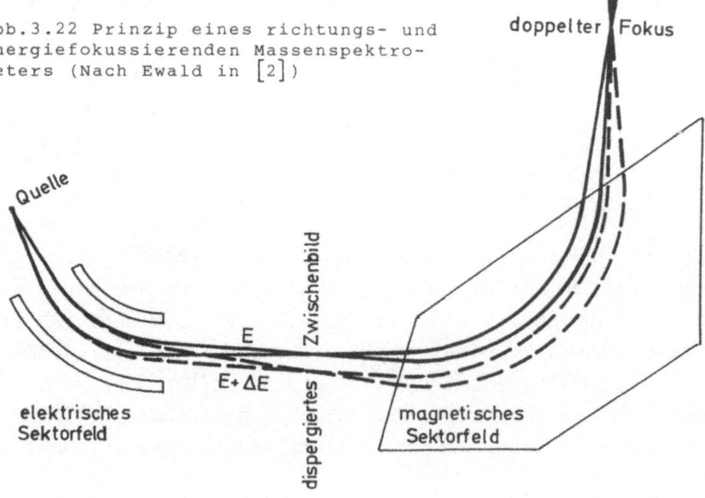

Abb.3.22 Prinzip eines richtungs- und energiefokussierenden Massenspektrometers (Nach Ewald in [2])

se und der falschen Energie auszusortieren, führt die Anordnung diese Ionen auf einem anderen Weg zu einem gemeinsamen Fokus. Die Anordnung ist für die Anfangsrichtungen und die Energie fokussierend. Ionen der falschen Masse landen bei einem anderen Fokus, die Anordnung ist für die Ionenmasse dispersiv. Die Anordnung liefert offensichtlich eine höhere Intensität als eine, bei der die Ionen der falschen Energie aussortiert werden. Doppelfokussierende Massenspektrometer dieser Art sind in verschiedenen Versionen konstruiert worden, teils sogar mit einer Kompensation der Abbildungsfehler zweiter Ordnung ([15]). Sie erreichen ein Massenauflösungsvermögen bis zu einigen 10^5. Sie sind vor allem zur genauen Messung von Kernmassen und damit Kernbindungsenergien eingesetzt worden.

Das Meßprinzip der Abbildung 3.22 läßt sich auf viele andere Meßprobleme anwenden. Abb.3.23 zeigt eine Anordnung, mit der die Bindungsenergie von Atomelektronen (hauptsächlich in inneren Schalen) durch Röntgen-Photoelektronenspektroskopie untersucht werden kann. Der grundlegende Prozess ist die Photoionisation,

$$\text{Photon} + \text{Atom} \rightarrow \text{Atomion} + \text{Elektron} \tag{3.75}$$

Die kinetischen Energien des Atoms und des Ions sind vernachlässigbar klein, so daß die Energiebilanz wie folgt lautet:

$$h\nu = Q + E_{kin} \tag{3.76}$$

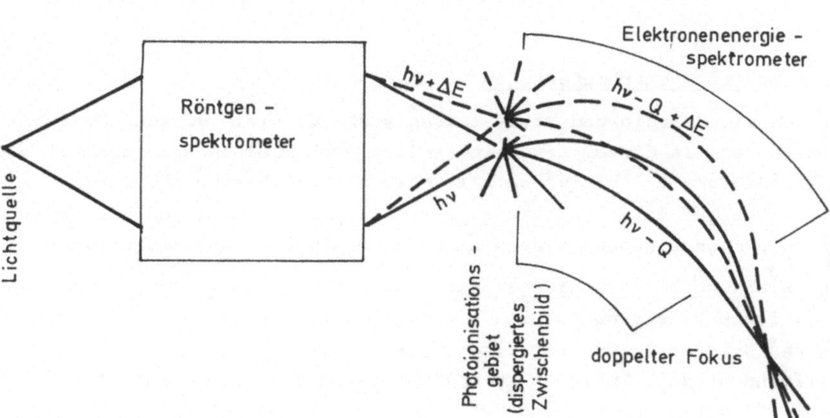

Abb.3.23   Prinzip einer Photoionisationsapparatur mit Doppelfokussierung

Q ist die gesuchte Bindungsenergie, E_{kin} die Energie des Elektrons. Bei bekannter Photonenenergie erhält man Q durch die Messung von E_{kin}. Die üblichen Röntgenlichtquellen produzieren Photonen mit einer zu großen Energieunschärfe. Als Abhilfe kann man ein Röntgenspektrometer vorschalten, das nur Photonen einheitlicher Energie am Photoionisationsprozess teilnehmen läßt. Das Instrument in Abb.3.23 funktioniert stattdessen ganz ähnlich wie das doppelfokussierende Massenspektrometer. Das Licht wird im Spektrometer dispergiert, aber alle Photonen können einen Ionisationsprozess auslösen. Für einen bestimmten Wert der Energiedifferenz $h\nu-E_{kin}$ kompensiert die Dispersion im Energiespektrometer gerade die Dispersion im Röntgenspektrometer; Elektronen, die aus Prozessen mit einem bestimmten Wert von $Q=h\nu-E_{kin}$ stammen, landen alle an einem einheitlichen Fokus, unabhängig vom Wert von $h\nu$. Elektronen, die aus Prozessen mit anderen Werten von Q stammen (z.B. aus einer anderen Schale im Atom), landen an einem anderen Ort. Das Gerät ist fokussierend für die Größe $h\nu$, dispergierend für Q.

Immer, wenn eine Meßaufgabe eine zweimalige Analyse - nach Energie, Impuls oder ähnlichem - notwendig zu machen scheint, sollte man überlegen, ob man nicht nach dem Prinzip der Abb.3.22 und 3.23 verfahren kann. Man bekommt so auf jeden Fall eine erhebliche Steigerung der Intensität.

3.7 Andere Spektrometertypen

Größen wie Energie und Masse lassen sich auf viele verschiedene Arten messen. In diesem Abschnitt sollen - ohne einen Anspruch auf Vollständigkeit - einige weitere Meßverfahren besprochen werden, die nicht auf einer Ablenkung in statischen elektrischen oder statischen magnetischen Feldern nach dem Muster der Abb.3.1 beruhen.

a) Ablenkung in kombinierten elektrischen und magnetischen Feldern
Praktische Bedeutung hat das Wienfilter. Es besteht aus homogenen $\vec{E}$- und $\vec{B}$-Feldern, die senkrecht aufeinander und senkrecht auf der Sollbahn stehen. Teilchen in Sollbahnrichtung laufen kräftefrei, wenn

$$qv|B| = q|E| \tag{3.77}$$

gilt. Teilchen, die diese Bedingung nicht erfüllen, werden abgelenkt. Das Wienfilter ist nach Gl.3.77 primär ein Geschwindigkeits-

analysator. Es kann aber natürlich auch zur Energie- oder zur Massenanalyse eingesetzt werden.

b) Energieanalyse mit Gegenfeldern

Das Prinzip besteht darin, Teilchen in einem elektrischen Feld soweit abzubremsen, daß sie umkehren, statt den Detektor zu erreichen. Aus der benötigten Bremsspannung schließt man auf die Energie. Da auf diese Art nur die Teilchen mit zu geringer Energie aussortiert werden, die Teilchen mit größeren Energien aber alle
durchkommen, erhält man beim Durchfahren der Bremsspannung ein "integrales" Spektrum; die üblichen Meßverfahren liefern dagegen
"differentielle" Spektren, siehe Abb.3.24. Um eine gute Energieauflösung zu bekommen, muß man die Teilchen möglichst genau in der
Richtung der Feldlinien laufen lassen, denn sonst analysiert man
nur den Teil der Energie, der zur Geschwindigkeitskomponente in
Feldrichtung gehört. Kommen die Teilchen aus einem kleinen Quellgebiet, dann kann man dieses Ziel erreichen, indem man das Gegenfeld
zwischen kugelförmigen, konzentrischen Netzen anordnet. Man kann
auch mit einem Gegenfeld zwischen parallelen Netzen arbeiten, wenn
man vorher die Teilchen mit einer Linse auf parallele Bahnen gebracht hat. Die erste Anordnung liefert mehr Intensität, denn praktisch alle Teilchen werden analysiert, sie ist aber technisch nur
schwierig zu realisieren.

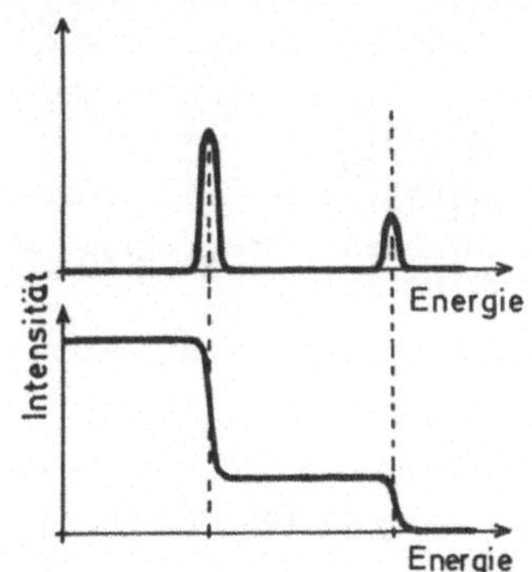

Abb.3.24 Differentielles und
integrales Spektrum

c) Laufzeitspektrometer

Im einfachsten Fall werden Teilchen aus einem Quellgebiet für kurze
Zeit in eine Laufstrecke bekannter Länge gelassen und die Zeit bis
zur Ankunft am Detektor gemessen. Daraus ergibt sich die Geschwindigkeit auf der Laufstrecke, und man kann, je nach den sonstigen

Bedingungen, auf Energie, Masse oder ähnliches schließen. Da die
Laufstrecke für einen erheblichen Teil der Zeit geschlossen gehal-
ten werden muß, wird im allgemeinen nur ein geringer Teil der entstehenden Ionen analysiert. Werden Prozesse untersucht, bei denen
gleichzeitig mehrere Produkte entstehen, dann kann man diesen Nachteil ausschalten. Man schickt zwei Teilchen auf Laufstrecken und
mißt die Laufzeitdifferenz. Das geht, ohne daß von außen ein Start-
zeitpunkt festgelegt werden muß, und es kann daher fortlaufend re-
gistriert werden. Solche Verfahren können gelegentlich vorteilhaft
zur Massenanalyse von Ionen oder zur Energieanalyse (Elektronen im
meV-Bereich) eingesetzt werden.

d) Hochfrequenzspektrometer

Es gibt eine recht große Zahl von Geräten, die Teilchenlaufzeiten
dadurch messen, daß sie sie mit der Periodenzeit einer von außen
angelegten Hochfrequenz vergleichen. Zum Beispiel: die Teilchen
müssen nacheinander zwei Bereiche mit oszillierenden elektrischen
Feldern passieren; das geht aber nur, wenn die Teilchen dort jeweils im richtigen Augenblick ankommen. Keines dieser Geräte wird
noch häufig verwendet. Das einzige praktisch wichtige Hochfrequenz-
spektrometer, das Quadrupolfilter, hat ein anderes Funktionsprinzip
und wird am Ende dieses Abschnitts besprochen.

e) Energieanalyse durch Beugung am Gitter

Das Verfahren ist für Elektronen im 100keV-Bereich eingesetzt worden. Als Gitter dienen Festkörper, und zwar in ihrer gesamten räumlichen Ausdehnung. Beugung von Elektronen um 100eV kann man an sehr
sauberen Festkörperoberflächen bekommen ("LEED"), aber das ist ein
technisch sehr aufwendiges Verfahren, das zur bloßen Energieanalyse
nicht eingesetzt wird.

f) Das Quadrupolmassenfilter

Das Gerät hat dieselbe Elektrodenanordnung wie eine elektrische
Quadrupollinse, Abb.2.16b, und es wird auch das eine Elektrodenpaar
mit einem Potential $+\phi_0$ und das andere mit $-\phi_0$ versorgt. ϕ_0 enthält
nun aber einen Wechselspannungsanteil,

$$\phi_0 = \phi_1 + \phi_2 \cos\omega t \tag{3.78}$$

ω liegt im 100kHz-Bereich. Die zugehörige Wellenlänge ist groß gegen die Linearausdehnung der Apparatur; daher gelten nach wie vor
die Gesetze für statische elektrische Felder, Gl.1.5, 1.9. Das Po-

tential im Innenbereich hat nach wie vor das Aussehen der Abb.2.16a
und die Form der Gl.2.54; die Funktion A(z) ist nun aber zeitlich
veränderlich. Die Bewegungsgleichungen lauten

$$d^2x/dt^2 + \left[\frac{2q\phi_1}{mr^2} + \frac{2q\phi_2}{mr^2} \cos \omega t \right] x = 0$$

$$d^2y/dt^2 - \left[\frac{2q\phi_1}{mr^2} + \frac{2q\phi_2}{mr^2} \cos \omega t \right] y = 0 \qquad (3.79)$$

2r ist der Elektrodenabstand, Abb.2.16b.

Die Koeffizienten bei x und y in den Differentialgleichungen der
Gl.3.79 sind periodische Funktionen der Zeit mit der Periode T.
Solche Differentialgleichungen besitzen im allgemeinen zwei linear
unabhängige Lösungen $x_1(t)$ und $x_2(t)$ mit den Eigenschaften

$$x_1(t+T) = e^{\mu} x_1(t)$$

$$x_2(t+T) = e^{-\mu} x_2(t) \qquad (3.80)$$

Alle anderen Lösungen lassen sich dann als Linearkombination aus x_1
und x_2 schreiben. μ ist eine für die jeweilige Differentialgleichung charakteristische Zahl. Ihr Wert ändert sich natürlich mit
den Koeffizienten in der Gleichung. Insbesondere gibt es - bei an-
sonsten festen Parametern - für die beiden Gleichungen in Gl.3.79
zwei verschiedene charakteristische Zahlen; wir bezeichnen sie mit
μ_x und μ_y. Diese Zahlen haben eine unmittelbare physikalische Bedeutung. Ist μ reell und ungleich Null, dann enthalten fast alle
Lösungen der Differentialgleichung einen exponentiell mit der Zeit
anwachsenden Anteil (Ausnahme: je nach Vorzeichen von μ die reinen
Vielfachen von x_1 oder von x_2). Solche Bahnen erreichen beim Durchlaufen des Feldes immer größere Abstände von der Achse. Im Quadrupolfilter landen sie schließlich auf den Elektrodenoberflächen. Bei
reellem $\mu \neq 0$ spricht man daher von "instabilen" Lösungen. Ist μ rein
imaginär (allerdings $\mu \neq in\pi$, n ganz, sonst gibt es noch andere Lösungstypen), dann bleibt der Koordinatenwert x oder y auf jeden
Fall beschränkt. Man spricht dann von "stabilen" Lösungen.

Die Wirkungsweise des Quadrupolfilters läßt sich folgendermaßen zusammenfassen: Ionen im erwünschten Massenbereich laufen auf stabilen Bahnen, das heißt, μ_x und μ_y sind imaginär. Solche Ionen errei-
zum großen Teil das Ende des Filters. Ionen mit nicht erwünschten

Massen laufen auf instabilen Bahnen, das heißt, mindestens eine der Zahlen μ_x und μ_y ist reell und ungleich Null. Bis auf wenige Ausnahmen kommen diese Ionen nicht durch das Filter hindurch.

Im Detail wird dieses Verhalten wie folgt hervorgerufen. Die in Frage stehenden Differentialgleichungen sind Matthieu-Gleichungen; Abb.3.25 zeigt das Stabilitätsdiagramm der Matthieuschen Gleichung

$$d^2u/d\tau^2 + (a+2\tilde{q}\cos 2\tau)\, u = 0 \tag{3.81}$$

Die schraffierten Parameterbereiche in der Abbildung ergeben stabile Lösungen. Mit den Gleichsetzungen

$$u = x, \quad \tau = \omega t/2, \quad a = +8q\phi_1/mr^2\omega^2, \quad \tilde{q} = +4q\phi_2/mr^2\omega^2 \tag{3.82}$$

beziehungweise

$$u = y, \quad \tau = \omega t/2, \quad a = -8q\phi_1/mr^2\omega^2, \quad \tilde{q} = -4q\phi_2/mr^2\omega^2 \tag{3.83}$$

erhält man aus Gl.3.81 die Bewegungsgleichungen für die Bahnkomponenten x und y, Gl.3.79. Die Werte a und $\tilde{q}$ für die x- und die y-Komponente unterscheiden sich nur durch das Vorzeichen. Wählt man $q\phi_1$ und $q\phi_2$ stets positiv, dann gehören zur x-Komponente immer positive Werte a und $\tilde{q}$ und zur y-Komponente negative. Im Stabilitätsdiagramm entspricht der x-Komponente ein Punkt im ersten Quadranten, der y-Komponente das Spiegelbild dieses Punktes im dritten Quadranten. a und $\tilde{q}$ sind massenabhängig, und sie können von außen, etwa durch eine Änderung der Frequenz beeinflußt werden. In der Standardbetriebsweise des Quadrupols arbeitet man ungefähr bei

$$a/\tilde{q} = 2\phi_1/\phi_2 = 0.332\ldots \tag{3.84}$$

Diese Bedingung entspricht der schrägen Geraden im Stabilitätsdiagramm. Ist außerdem

$$\tilde{q} = \pm 0.706\ldots, \qquad m = 5.67\ldots \cdot q\phi_2/r^2\omega^2 \tag{3.85}$$

dann befindet man sich auf den durch kleine Kreise gekennzeichneten Arbeitspunkten, die beide auf der Grenze zwischen dem stabilen und dem instabilen Bereich liegen.

In Wirklichkeit arbeitet man nun mit einem Gleichspannungsanteil ϕ_1, der geringfügig kleiner ist, als es der Gl.3.84 entspricht. Die entsprechende Gerade im Stabilitätsdiagramm ist geringfügig flacher als die eingezeichnete Gerade. Die der Gl.3.85 entsprechenden Arbeitspunkte rutschen dadurch beide in den stabilen Bereich. Für die durch Gl.3.85 gegebene Masse ist nun die x- und die y-Bewegung stabil; das gleiche gilt für einen kleinen Massenbereich um diese Masse herum. Kleinere Massen gehören zu Arbeitspunkten, die weiter vom Ursprung entfernt sind; für sie ist die x-Bewegung instabil. Bei größerer Masse liegt der Arbeitspunkt näher am Ursprung, und dann ist die y-Bewegung instabil. Es werden tatsächlich nur Massen in der Nähe der durch Gl.3.85 gegebenen Masse durchgelassen.

Quadrupolfilter sind viel handlicher als magnetische Massenspektrometer, und sie haben sich für viele Anwendungen durchgesetzt. Sie haben aber auch Nachteile. Ein wichtiger Punkt ist, daß nicht alle Ionen der eingestellten Masse durch das Filter kommen. Die Transmission des Quadrupolfilters hängt auf eine komplizierte und unübersichtliche Art und Weise von den Einschußbedingungen ab ([16]). Für Anwendungen, bei denen die Transmission genau bekannt sein muß, sollte man das Quadrupolfilter nicht in Betracht ziehen.

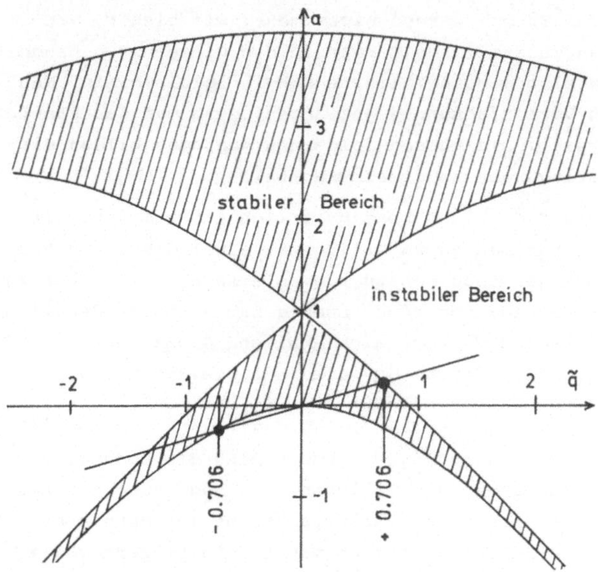

Abb.3.25 Stabilitätsdiagramm der Matthieufunktionen. Die schräge Gerade entspricht der Standardeinstellung des Quadrupolmassenfilters. Zu jeder Ionenmasse gehört ein Paar von Punkten auf der Geraden, die spiegelbildlich zum Ursprung liegen. Für die eingezeichneten Punkte ist die x- und die y-Bewegung stabil, für andere Massen ist eine der Bewegungen instabil.

4 Raumladung

4.1 Strahlverbreiterung und Energieverminderung durch Raumladung

Anders als in der Lichtoptik haben wir es in der Teilchenoptik mit
Objekten zu tun, die Kräfte aufeinander ausüben können. In einem
Strahl geladener Teilchen bewegen sich die Ionen oder Elektronen
nicht nur unter dem Einfluß der von außen erzeugten elektrischen
oder magnetischen Felder, sondern auch unter dem Einfluß der Ladung
aller anderen Teilchen. Bei einem geringen Strom im Strahl sind die
Ladungen allerdings weit voneinander entfernt, und die Kräfte sind
gering. Die bisherige Art der Behandlung bleibt unter solchen Umständen richtig. Bei größerem Strom treten jedoch neue Effekte auf.
Sie sollen in diesem Kapitel besprochen werden.

Die Änderung gegenüber der bisherigen Behandlung besteht darin, daß
wir die Grundgleichungen der Felder nun in ihrer vollen Form, Gl.
1.3, 1.4, 1.8 verwenden müssen. Die mit dem Teilchenstrahl ver-
knüpften Ladungen und Ströme werden nicht mehr, wie bisher, vernachlässigt. Mit den zusätzlichen Termen in den Gleichungen handelt
man sich leider erhebliche mathematische Schwierigkeiten ein. Man
ist zu weitgehenden Vereinfachungen gezwungen, wenn man das Problem
analytisch angehen will. Die beiden folgenden Annahmen bilden die
Grundlage aller Überlegungen in diesem Kapitel.

a) Wir nehmen an, daß die Ladung kontinuierlich im Raum verteilt
ist. In Wirklichkeit hat man es natürlich mit einer diskreten Verteilung der punktförmigen Ladungen zu tun. Die Annahme ist aber zu-
lässig, solange der Abstand von einer Ladung zur nächsten deutlich
kleiner ist als der Radius R (oder eine ähnliche Größe) des
Strahls. Man rechnet leicht nach, daß dies auf die Bedingung

$$\pi q v \ \ll \ IR \qquad\qquad\qquad (4.1)$$

führt. I ist der Strom im Strahl, q, m und v sind die Ladung, die
Masse und die Geschwindigkeit der Teilchen. Die Bedingung ist bei
kleinen Strömen in der Praxis oft verletzt. Meist ist dann aber
auch die Auswirkung der Kräfte zwischen den Ladungsträgern völlig
unerheblich. Lediglich bei sehr kleinen Energien ($E_{kin} < 0.1 eV$, $I <$
$10^{-10} A$) muß man die diskrete Verteilung der Ladungsträger berücksichtigen. Für eine derartige Situation gelten die folgenden Resultate nicht.

b) Wir nehmen an, daß zu jedem Ort im Strahl eine eindeutig festge-

legte Richtung der Teilchenbahnen gehört. Man bezeichnet einen derartigen Strahl als "laminar". Ein vollkommener Parallelstrahl ist
ein Beispiel für eine laminaren Strahl. In einem wirklichen Strahl
gehen von jedem Punkt Bahnen unterschiedlicher Richtungen aus, siehe zum Beispiel Abb.2.26. Man kann einen laminaren Strahl dadurch
annähern, daß man Bahnen mit der falschen Richtung ausblendet, aber
das ist natürlich mit einem Intensitätsverlust verbunden. Einen
wirklich laminaren Strahl bekommt man nur im Grenzfall verschwindenden Stromes, und dann braucht man über Raumladungseffekte nicht
mehr zu reden. In einem näherungsweise laminaren Strahl laufen Bahnen, die an einem Punkt mit unterschiedlichen Richtungen beginnen,
nur langsam auseinander. Für eine Wegstrecke, auf der der Abstand
dieser Bahnen noch klein im Vergleich zum Strahlradius bleibt, darf
man einen solchen Strahl wohl als laminar behandeln.

Die Annahme (b) ist eine sehr einschneidende Annahme. In vielen
praktisch vorkommenden Fällen ist sie nicht erfüllt, auch nicht in
hinreichender Näherung. Die Ergebnisse der folgenden Behandlung können dann lediglich zur qualitativen Diskussion der wirklichen Verhältnisse verwendet werden.

Wir wollen in diesem Abschnitt vor allem das Schicksal eines anfänglich parallelen Strahls untersuchen, der sich lediglich unter
dem Einfluß der Raumladung befindet. Äußere Kräfte soll es vorerst
nicht geben. Wir setzen voraus, daß der Strahl eine rotationssymmetrische Ladungs- und Stromverteilung besitzt wie in Abb.4.1. Die
Strahlrichtung wählen wir als z-Koordinate.

Nimmt man an, daß sich der Strahl in der z-Richtung unendlich (oder
jedenfalls sehr) weit ausdehnt, ohne seinen Querschnitt zu ändern,
dann lassen sich die elektrischen und magnetischen Felder leicht
aus den Strom- und Ladungsdichten bestimmen. Das elektrische Feld
zeigt dann in radialer und das magnetische Feld in azimutaler Richtung. Man errechnet aus den Grundgleichungen:

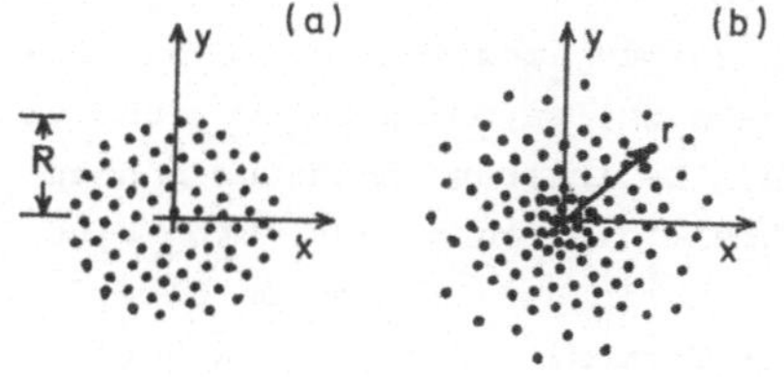

Abb.4.1 Rotationsymmetrische
Verteilung des Stroms in einem
Teilchenstrahl
a) Konstante Stromdichte im
Innenbereich. Die gleichmäßige
Verteilung bleibt unter dem
Einfluß der Raumladung bestehen,
nur der Radius R ändert sich.
b) Stetige Abnahme der Stromdichte. Die Verteilung nähert
sich langsam dem Fall (a) an.

$$E_r = \frac{1}{r\varepsilon_o} \int\limits_0^r r\rho(r)\,dr \qquad\qquad B_\varphi = \frac{\mu_o}{r} \int\limits_0^r rj(r)\,dr \qquad\qquad (4.2)$$

ρ ist die Ladungs- und j die Stromdichte im Strahl. In Wirklichkeit ändert sich der Strahldurchmesser langsam. Es treten daher zusätzliche Komponenten der Felder in z-Richtung auf, und die x- und y-Komponenten sind nicht mehr exakt durch die Gl.4.2 gegeben. Solange die Teilchenbahnen flach bleiben, sind diese Abweichungen klein. Wir vernachlässigen sie.

Weiter vernachlässigen wir, wie auch schon früher, Terme höherer Ordnung in $\dot{x}$ und $\dot{y}$, und wir nehmen schließlich an, daß alle Teilchen im Strahl die gleiche Geschwindigkeit v haben. Die letzte Annahme ist nur scheinbar trivial. Mit dem elektrischen Feld der Gl. 4.2 ist eine potentielle Energie verknüpft, die im Inneren des Strahls größer ist als am Rand. Im allgemeinen starten die Teilchen mit der kinetischen Energie Null auf einer Äquipotentialfläche (zum Beispiel auf einer Kathodenoberfläche wie in Abb.2.31a). Dann ist, aufgrund des Energiesatzes, die kinetische Energie der Teilchen im Strahlinneren geringer als die der Teilchen am Rand. Wir vernachlässigen den Unterschied vorerst. Wir können dann in Gl.4.2

$$\rho(r) = j(r)/v \qquad\qquad (4.3)$$

einsetzen, und wir können die Differentiationen nach der Zeit in der Bewegungsgleichung gemäß

$$\frac{d}{dt} = v\,\frac{d}{dz} \qquad\qquad (4.4)$$

durch Differentiationen nach der Koordinate z ersetzen. Setzt man Gl.4.2 in Gl.1.1 ein, dann erhält man auf diese Art die Bahngleichung für eine Bahn in der yz-Ebene:

$$\frac{d}{dz}\,m\,\frac{dy}{dz} = \frac{q}{yv^3\varepsilon_o} \int\limits_0^y rj(r)\,dr \left[1 - \frac{v^2}{c^2}\right] \qquad\qquad (4.5)$$

Da alle Kräfte in radialer Richtung zeigen, und weil wir einen anfänglich parallelen Strahl untersuchen wollen, brauchen wir uns um windschiefe Bahnen nicht zu kümmern. Es interessieren nur Bahnen in der yz-Ebene nach Gl.4.5 und Bahnen, die man daraus durch eine Drehung um die z-Achse erhält. Die Eins in der Klammer in Gl.4.5 rührt vom elektrischen Feld her, der Term mit v^2/c^2 vom magnetischen Feld. c ist die Lichtgeschwindigkeit, $c=1/\sqrt{\varepsilon_o\mu_o}$. Die magneti-

sche Kraft ist anziehend (parallele Ströme ziehen sich an) und
kleiner als die elektrostatische Abstoßung. Im nichtrelativistischen Grenzfall ist sie vernachlässigbar klein. Gl.4.5 ist relativistisch korrekt, m ist die relativistische Masse. Da die Geschwindigkeit in unserer Näherung konstant ist, ist die Masse ebenfalls
eine Konstante; sie kann in Gl.4.5 ohne weiteres auf die rechte
Seite gebracht werden. Wir betrachten im folgenden nur noch die
klassische Bewegungsgleichung, sie lautet

$$\frac{d^2y}{dz^2} = \frac{q}{ymv^3\varepsilon_o} \int_0^y rj(r)\,dr \tag{4.6}$$

Man bekommt daraus die relativistische Gleichung, indem man die
rechte Seite mit $(1-v^2/c^2)^{3/2}$ multipliziert. m ist dann als die Ruhemasse zu lesen.

Für eine willkürliche rotationssymmetrische Stromdichteverteilung
j(r) ist der durch Gl.4.6 beschriebene Zusammenhang noch sehr kompliziert. Die Verteilungsfunktion ändert sich längs des Strahls,
und diese Änderung hängt vom Verlauf aller Bahnen ab. Das Problem
vereinfacht sich erheblich, wenn man annimmt daß der Strom am Anfang gleichmäßig über den Strahlquerschnitt verteilt ist, so wie in
Abb.4.1a. Die Stromdichte ist innerhalb eines Radius R konstant und
außerhalb Null. Ein solcher Strahl hat, wie wir sehen werden, die
Eigenschaft, daß die Form der Stromdichteverteilung erhalten
bleibt, das heißt es gilt immer

$$j(r) = \begin{cases} j_o & \text{für } r < R \\ 0 & \text{für } r > R \end{cases} \tag{4.7}$$

Setzt man diese Dichteverteilung in die Bahngleichung ein, dann bekommt man eine lineare Gleichung für y(z),

$$\frac{d^2y}{dz^2} = \frac{qj_o(z)}{2mv^3\varepsilon_o} \, y \tag{4.8}$$

Die Linearität der Bahngleichung hat zur Folge, daß alle bei z=0
achsenparallelen Bahnen aus einer einzigen solchen Bahn durch Multiplikation mit einer Konstanten oder durch eine Drehung um die z-
Achse hervorgehen. Füllen solche Bahnen einen Kreis bei z=0 gleichmäßig aus, dann füllen sie auch bei jedem anderen Wert von z

gleichmäßig einen Kreis aus. Das bedeutet in der Tat, daß die
Stromdichteverteilung auch unter dem Einfluß der Raumladung die
Form der Gl.4.7 behält. Die Stromdichte j_o und der Strahlradius R
ändern sich längs des Strahls, aber der Gesamtstrom,

$$I = \pi R^2 j_o \qquad (4.9)$$

bleibt konstant. Wir drücken die Stromdichte in Gl.4.8 durch R und I
aus,und wir betrachten nur noch die äußerste Bahn im Strahl, y=R.
Man bekommt so für R(z) die Gleichung

$$\frac{d^2 R}{dz^2} = \frac{qI}{2\pi m v^3 \varepsilon_o} \frac{1}{R} \qquad (4.10)$$

Um den konstanten Faktor in dieser Gleichung etwas handlicher zu
machen, führen wir einige Abkürzungen ein. Mit

$$U = mv^2/2q, \qquad K = I/U^{3/2}, \qquad K_o = 2\sqrt{2}\pi\varepsilon_o\sqrt{q/m} \qquad (4.11)$$

wird aus Gl.4.10

$$R'' = K/2K_o \cdot 1/R \qquad (4.12)$$

qU ist die kinetische Energie der Teilchen, U ist die Beschleunigungsspannung, die nötig ist, um ein Teilchen aus der Ruhe auf diese kinetische Energie zu beschleunigen. K bezeichnet man als die
"Perveanz" des Strahls, K_o ist eine für die jeweilige Teilchensorte
charakteristische Konstante.

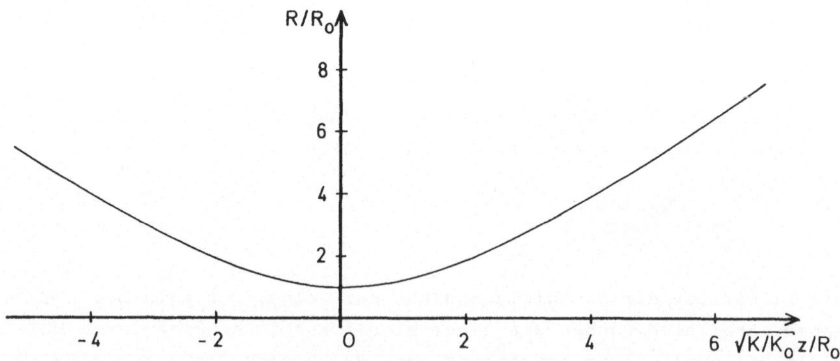

Abb.4.2 Die Funktion R(z), die die Entwicklung eines bei z=0 achsenparallelen Laminarstrahls unter dem Einfluß der Raumladung beschreibt. Die Fortsetzung der Funktion zu negativen z gehört zu
einem ursprünglich konvergenten Strahl.

$$K_O = 33.0 \ 10^{-6} A/V^{3/2} \qquad \text{für Elektronen}$$

$$K_O = 0.77 \ 10^{-6} A/V^{3/2} \qquad \text{für Protonen} \qquad (4.13)$$

Gl.4.12 läßt sich lösen. Man multipliziert mit R' und integriert, zieht die Wurzel, bringt den dabei entstehenden Term $\sqrt{\ln R/R_O}$ auf die linke Seite und integriert nochmals. Die Prozedur liefert

$$\int_{R_O}^{R} \frac{dR/R_O}{\sqrt{\ln R/R_O}} = \sqrt{\frac{K}{K_O}} \ \frac{z}{R_O} \qquad (4.14)$$

Die Größe R_O tritt als Integrationskonstante bei der ersten Integration hinzu. Sie ist, wie man im Verlauf der Rechnung leicht sieht, so gewählt, daß dR/dz bei $R=R_O$ verschwindet. Beim Radius R_O ist die Bahn R(z) - aber damit alle Bahnen im Strahl - achsenparallel. R_O sollte demnach der kleinste vorkommende Strahlradius sein. Die Integrationsgrenze und die Integrationskonstante bei der zweiten Integration sind so gewählt, daß der Radius R_O bei z=0 angenommen wird.

Gl.4.14 stellt, leider in impliziter Form, die Funktion R(z) dar, also die Abhängigkeit des Strahlradius von der Laufstrecke. Das links stehende Integral läßt sich auf ein tabelliertes Integral zurückführen (die Transformation $\xi = \sqrt{\ln R/R_O}$ bringt es in die Form von Dawsons Integral, [17]). Man kann den Radius R(z) so jedenfalls zeichnerisch darstellen. Das ist in Abb.4.2 geschehen. Der Strahlradius ist in der Zeichnung in Einheiten von R_O angegeben, die Laufstrecke z in Einheiten von $\sqrt{K_O/K} \cdot R_O$. Man entnimmt der Darstellung, daß ein ursprünglich paralleler Strahl mit der Perveanz $K=K_O$ seinen Radius auf einer Laufstrecke von nur etwa zwei Radien verdoppelt. Ist die Perveanz noch größer, dann verdoppelt sich der Radius auf einer noch kürzeren Wegstrecke. Man kann in einem solchen Fall eigentlich nicht mehr von einem "Strahl" sprechen. Wir bezeichnen die Bedingung $K=K_O$ als die Raumladungsgrenze. Es wird sich zeigen, daß Strahlen mit $K>K_O$ auch noch aus anderen Gründen nicht mehr praktisch zu handhaben sind. Will man erreichen, daß ein Strahl seinen Radius erst nach einer Laufstrecke von hundert Radien verdoppelt hat, dann muß man $K=10^{-4} K_O$ wählen. In einem derartigen Strahl stellt die Raumladung nur noch eine kleine Störung dar. Für viele praktische Anwendungen dürfte die Raumladung bei so kleiner Perveanz völlig zu vernachlässigen sein. Die Bedingungen $K=K_O$ und

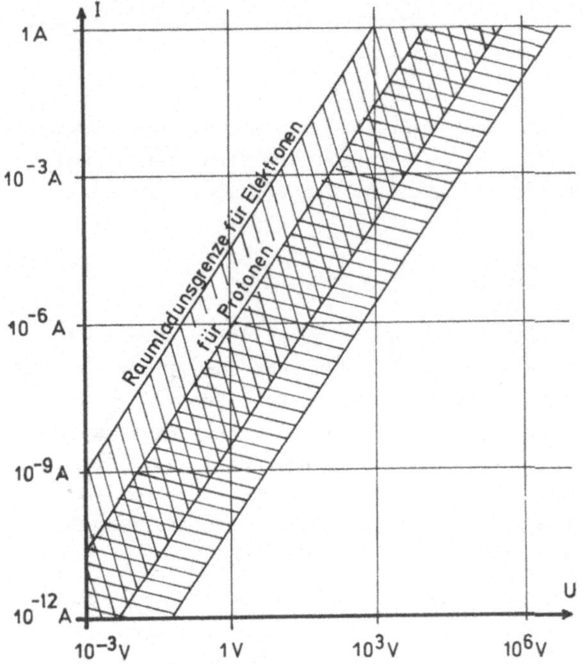

Abb.4.3 Die Bedingungen $K=K_o$ (Raumladungsgrenze) und $K=10^{-4}K_o$ für Elektronen und für Protonen. In den schraffierten Bereichen zwischen diesen Grenzen ist die Raumladung nicht vernachlässigbar, der Bereich oberhalb der Raumladungsgrenze ist mit unbeschleunigten Strahlen kaum zugänglich.

$K=10^{-4}K_o$ sind in der Abb.4.3 in einem I/U-Diagramm für Elektronen und für Protonen dargestellt.

Die Kurve R(z) in Abb.4.2 setzt sich zu negativen Werten von z fort. Sie beschreibt dort das Schicksal eines ursprünglich konvergenten Strahls. Tatsächlich stellt die Funktion R(z) für $z \to -\infty$ einen Strahl dar, dessen Bahnen alle geradlinig auf einen Punkt auf der z-Achse zuzulaufen scheinen - man könnte sich etwa einen Strahl vorstellen, der von einer Linse auf einen Punkt fokussiert worden ist. Man sollte aber bei der Anwendung der Ergebnisse auf solche Situationen vorsichtig sein. Geringe Abweichungen von der Laminarität des Strahls können erhebliche Unterschiede zwischen der tatsächlichen Situation und der der Abb.4.2 hervorrufen. So dürfte es in einem realen Fokus immer Bahnen geben, die die Achse kreuzen, im Gegensatz zur Situation der Abbildung.

Die bisherigen Überlegungen gelten für einen Laminarstrahl mit einer gleichmäßigen Verteilung des Stromes über den Strahlquerschnitt und einem plötzlichen Abfall der Stromdichte auf Null am

Rand des Strahls. Ist der Strom anders verteilt, dann ändert sich
nicht nur der Strahlradius, sondern auch die Art der Verteilung unter dem Einfluß der Raumladung; die Art der Veränderung läßt sich
meist schon durch qualitative Überlegungen erkennen. In einem Hohl-
strahl zum Beispiel wirkt auf die inneren Bahnen keine Kraft. Der
innere Radius bleibt konstant, während der äußere Radius sich ähnlich wie bisher vergrößert. Besteht der Strahl aus einem Innenbereich mit konstanter Stromdichte und aus einem Übergangsbereich, in
dem die Stromdichte stetig auf Null fällt, dann wächst der Radius
des Innenbereichs schneller als der äußere Radius. Das Profil eines
solchen Strahls nähert sich dem bisher vorausgesetzten Strahlprofil
von selbst an. Da es aber durch die Abweichungen von der Laminarität auch gegenläufige Einflüsse gibt, ist das tatsächliche Verhalten eines realen Strahls nur schwer korrekt zu beschreiben.

Am Beginn eines Strahls gibt es immer auch Komponenten des elektri-
schen Feldes in Strahlrichtung. Ihr genaues Verhalten hängt von den
Details der Elektrodenanordnung ab, ihre Auswirkung läßt sich aber
zum Teil auch ohne solch detaillierte Kenntnisse angeben. In der
Anordnung der Abb.4.4 wird ein Strahl von seinem Entstehungsort aus
durch ein elektrisches Feld beschleunigt und läuft danach auf der
Achse eines langen Rohres weiter. Wir gehen davon aus, daß die
Teilchen mit der kinetischen Energie Null entstehen und daß die
Entstehungsorte alle dasselbe Potential besitzen. Man denke etwa
an Elektronen, die von einer indirekt geheizten Glühkathode emit-
tiert werden. Eine Strahlverbreiterung ist in der Abbildung nicht

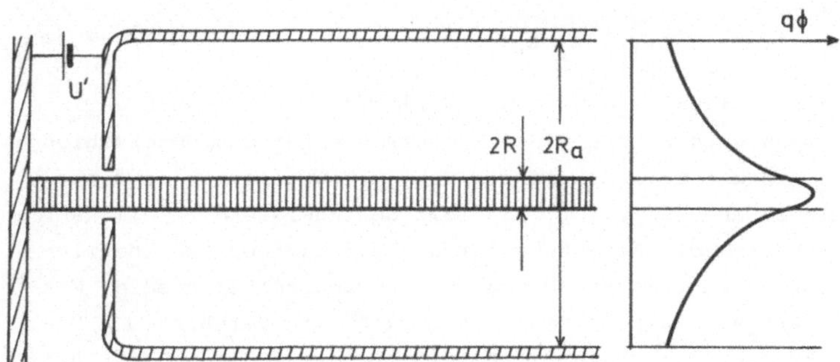

Abb.4.4 Das Potential im Inneren und in der Nähe eines
intensiven Strahls geladener Teilchen

dargestellt; am Prinzip der Behandlung ändert sich aber durch die Strahlverbreiterung nichts. Weit rechts zeigt das elektrische Feld ziemlich genau in radialer Richtung, seine Stärke ist nach wie vor durch die Gl.4.2 gegeben. Man beachte, daß es natürlich auch außerhalb des Strahls ein Feld gibt. Für den Fall der gleichmäßigen Stromverteilung, Gl.4.7, lassen sich die Feldstärke und das Potential explizit berechnen, man findet für das Potential

$$\phi(r) = -U\,K/2K_o \begin{cases} r^2/R^2 & \text{für } r < R \\ 1 + 2\ln r/R & \text{für } r > R \end{cases} \qquad (4.15)$$

Dabei ist nach wie vor eine einheitliche Geschwindigkeit im Strahl angenommen, U, K und K_o sind in Gl.4.11 definiert. Der Potentialverlauf ist in Abb.4.4 ebenfalls dargestellt. Von besonderem Interesse sind die Potentialdifferenzen zwischen dem Rohr und dem Rand des Strahls und zwischen dem Rand und der Strahlmitte,

$$\phi(R_a) - \phi(R) = -U\,K/K_o \cdot \ln R_a/R \qquad (4.16)$$

$$\phi(R) - \phi(O) = -U\,K/2K_o \qquad (4.17)$$

Die Potentialdifferenz zwischen Rohr und Strahl bewirkt, daß die nach Gl.4.11 definierte Spannung U (qU ist die kinetische Energie) nicht denselben Wert hat wie die zwischen Entstehungsort und Laufrohr anliegende Spannung U'. Die kinetische Energie der Teilchen am Rand des Strahls läßt sich aus Gl.4.16 und dem Energiesatz berechnen,

$$E_{kin}(R) = qU' - qU \cdot K/K_o \cdot \ln R_a/R \qquad (4.18)$$

oder, wenn man $E_{kin}(R)$ mit qU identifiziert,

$$qU = qU'/(1 + K/K_o \ln R_a/R) \qquad (4.19)$$

Die wirksame Beschleunigungsspannung U ist in diesem Ausmaß geringer als die angelegte Spannung U'. Die Ursache für den Unterschied liegt darin, daß die Teilchen in ein Gebiet hineinlaufen, das bereits mit Ladung angefüllt ist. Ein Teil der Energie der Teilchen wird verbraucht, um die Abstoßung durch diese Ladungen zu überwinden. Der Unterschied zwischen U und U' kann beträchtlich sein. Mit $K/K_o=0.1$ und $R/R_a=0.1$ bekommt man aus Gl.4.19 ein Verhältnis $U/U'=0.81$. Will man die Abweichung klein halten, dann muß man dafür sorgen, daß der Rohrradius R_a nur wenig größer ist als der Radius R des Strahls.

Die Potentialdifferenz zwischen Rand und Mitte des Strahls bewirkt
schließlich, daß die Teilchen im Strahl keine einheitliche kinetische Energie besitzen, die Teilchen innen sind langsamer als die am
Rand. Für K/K_o=0.1 findet man leicht, daß die Teilchengeschwindigkeit von innen nach außen um 2.5% variiert. Genaugenommen wird damit
eine Voraussetzung der bisherigen Überlegungen - einheitliche Teilchengeschwindigkeit - hinfällig. Die bisherigen Ergebnisse stellen
aber bei geringer Variation der Teilchengeschwindigkeit, also etwa
bis K/K_o=0.1, noch immer eine gute Näherung dar. Erst bei noch
größerer Perveanz bekommt man qualitative Abweichungen von den bisherigen Resultaten. Für sehr großes K sagt Gl.4.17 eine negative
kinetische Energie im Strahlinneren voraus. Das ist physikalisch
nicht möglich. Tatsächlich zeigt eine genauere Analyse ([19], [20]),
daß in einer Anordnung nach Abb.4.4 ein maximaler Strom $I_{max}=K_o \cdot$
$U'^{3/2}$ (grob: $K_{max}=K_o$) fließen kann. Ströme größerer Perveanz lassen
sich mit solchen Anordnungen nicht erzeugen.

4.2 Strahltransport und Strahlbeschleunigung bei Raumladung

Eine geringe Raumladung macht sich in einem Strahltransportsystem
oft kaum bemerkbar. Die zusätzlichen Kräfte hängen meist einigermaßen linear vom Abstand von der optischen Achse oder der Sollbahn
ab, so wie bei dem im letzten Abschnitt besprochenen Strahl. Die
Raumladung wirkt dann ähnlich wie eine zusätzliche schwache Zer-
streuungslinse; ihre Wirkung kann durch die anderen optischen Komponenten kompensiert werden. Erst wenn die angestrebte Perveanz nur
noch wenige Größenordnungen unter K_o liegt, werden besondere Maßnahmen erforderlich.

Am sichersten bekämpft man die Raumladung, indem man sie durch entgegengesetzte Ladungen kompensiert. Leider ist das Verfahren meist
nicht anwendbar. Bei Elektronenstrahlen in einem nicht zu guten Vakuum stellt sich die Kompensation gelegentlich von selbst ein. Ein
geringer Teil der Strahlelektronen erzeugt aus dem Restgas durch
Stoßionisation,

$$e + M \rightarrow e + M^+ + e \tag{4.20}$$

positive thermische Ionen und langsame Elektronen. Die Elektronen
werden durch die Raumladung des Strahls aus dem Strahlvolumen weg
beschleunigt, die Ionen bleiben durch die Raumladung an das Strahlvolumen gebunden. Unter günstigen Umständen wird die Elektronen-

raumladung völlig durch die Ionenraumladung kompensiert. Die Perveanz K_o stellt für einen Strahl mit derart kompensierter Raumladung natürlich keine Grenze dar.

Bei Strahlen nicht zu hoher Perveanz kann man die Auswirkungen der Raumladung durch einzelne Linsen bekämpfen. So kann man zum Beispiel den in Abb.4.2 dargestellten Strahl durch eine geeignete Linse am rechten Bildrand wieder konvergent machen; der weitere Verlauf des Strahls ist dann erneut durch die Funktion $R(z)$ gegeben. Der Strahl wird so abwechselnd durch die Raumladung divergent und durch Linsen konvergent gemacht. Bei wachsender Perveanz muß man die einzelnen Linsen immer weiter zusammenschieben. Man bekommt schließlich ein kontinuierliches elektrisches oder magnetisches Führungsfeld. Die einfachste derartige Anordnung, die <u>Strahlführung im homogenen magnetischen Feld</u>, wird im folgenden etwas genauer untersucht.

Wir betrachten ein magnetisches Feld, das um die z-Achse rotationssymmetrisch ist, und einen Strahl, der sich in Richtung der z-Achse bewegt. Die Eigenschaften des von außen erzeugten Magnetfeldes haben wir bereits in Abschnitt 2.4 besprochen, das Feld ist wie in Gl.2.24 durch die Angabe der Feldstärke $B(z)$ auf der Achse bereits hinreichend charakterisiert. Die Wirkung des vom Strahl selbst erzeugten Magnetfeldes ist im nichtrelativistischen Fall klein, ebenso wie im vorigen Abschnitt. Wir vernachlässigen dieses Feld; man kann es leicht ohne Änderung des Rechenganges in die folgende Rechnung einbeziehen. Wir nehmen wieder an, daß der Strom im Strahlinneren gleichmäßig verteilt ist, entsprechend Gl.4.7. Es wird sich auch hier zeigen, daß diese Form der Verteilung bei geeigneten Anfangsbedingungen trotz Raumladung und Magnetfeld erhalten bleibt. Die Bahngleichungen haben wieder die Form der Gl.2.28. Auf der rechten Seite tritt nun aber noch der Raumladungsterm hinzu, er ist für die y-Komponente der Bahngleichung mit dem in Gl.4.8 rechts stehenden Term identisch, und er ist natürlich rotationssymmetrisch. Man erhält so

$$x'' = \quad q/mv \ (y'B + B'y/2) + K/2K_o \cdot x/R^2$$

$$y'' = -q/mv \ (x'B + B'x/2) + K/2K_o \cdot y/R^2 \tag{4.21}$$

v ist die Geschwindigkeit, die wir wieder als einheitlich annehmen wollen, B steht für das Feld auf der Achse, $B(z)$, und R ist der Radius des Strahls. Dieses gekoppelte Differentialgleichungssystem läßt sich in völliger Analogie zu Gl.2.28 behandeln. Man führt die komplexe Bahnkoordinate u=x+iy ein, transformiert auf $w=e^{i\Theta}u$ und erhält die Bahngleichung für w(z)

$$w" + \left[(qB/2mv)^2 - K/2K_0 \cdot R^{-2}\right] w = 0 \qquad (4.22)$$

$\Theta(z)$ ist wie früher durch Gl.2.32 gegeben. So wie früher entsprechen der Real- und der Imaginärteil X und Y von w cartesischen Bahnkoordinaten; die X- und die Y-Achse sind um den Winkel $\Theta(z)$ gegenüber den raumfesten Koordinatenachsen x und y verdreht. Die Bahnen im Magnetfeld sind im mitdrehenden Koordinatensystem X, Y, z auch nun wieder einfacher zu diskutieren als im raumfesten System x, y, z. Gl.4.22 besitzt unter anderem rein reelle Lösungen, das sind Bahnen, die in der Xz-"Ebene" verlaufen. Multipliziert man eine solche reelle Lösung mit einer beliebigen komplexen Zahl a, dann bekommt man wieder Lösungen der Bahngleichung. Die neuen Bahnen sind der ursprünglichen Bahn ähnlich, aber sie haben einen um den Faktor |a| größeren Achsabstand, und sie sind um den Winkel arg a als Ganzes gegenüber der ursprünglichen Bahn gedreht. Wir betrachten eine Schar solcher Bahnen, die bei z=0 eine Kreisfläche gleichmäßig ausfüllen. Offensichtlich füllen die Bahnen an jedem anderen Ort ebenfalls eine Kreisfläche gleichmäßig aus. Die Stromverteilung nach Gl.4.7 bleibt bei einer solchen Schar von Bahnen in der Tat erhalten. Wir betrachten aus einer solchen Schar die Bahn in der Xz-Ebene mit dem größten Achsabstand. Für sie gilt

$$w(z) = R(z) \qquad (4.23)$$

und daher

$$R" + (qB/2mv)^2 R - K/2K_0 \cdot R^{-1} = 0 \qquad (4.24)$$

Die Gleichung gilt für die Bewegung in einem beliebigen rotationssymmetrischen Magnetfeld. Wir betrachten zuerst die Bewegung im homogenen Feld, B(z)=const. Die Bahnen drehen sich dann mit der durch Gl.2.32 gegebenen, konstanten Winkelgeschwindigkeit um die z-Achse. Ein Umlauf ist nach der Strecke

$$L_1 = 2\pi \cdot 2mv/qB \qquad (4.25)$$

vollendet. Gl.4.24 besitzt nun eine besonders einfache Lösung,

$$R = R_0 = \sqrt{K/2K_0} \; 2mv/qB \qquad (4.26)$$

Der Strahlradius bleibt in diesem Fall konstant, die einzelnen Bahnen sind Spiralen, die sich mit konstanten Achsabstand um die Achse
drehen. Bei allen diesen Bahnen addieren sich die magnetische
Kraft, die von der Raumladung ausgeübte Kraft und die Zentrifugalkraft gerade zu Null. Wir untersuchen kleine Abweichungen von diesem Bewegungstyp, indem wir Gl.4.24 nach der kleinen Größe

$$\Delta R = R - R_o \tag{4.27}$$

entwickeln. In linearer Näherung erhält man

$$\Delta R'' + 2(qB/2mv)^2 \, \Delta R = 0 \tag{4.28}$$

Der Strahlradius oszilliert demnach um den Mittelwert, die Wellenlänge einer Oszillation ist

$$L_2 = 2\pi/\sqrt{2} \cdot 2mv/qB = L_1/\sqrt{2} \tag{4.29}$$

Außerdem ist L_1 nach Gl.4.25, 4.26 das $2\pi\sqrt{2K_o/K}$-fache des mittleren
Strahlradius R_o. Dieser Bewegungstyp ist für $K/K_o=0.2$ in Abb.4.5
dargestellt.

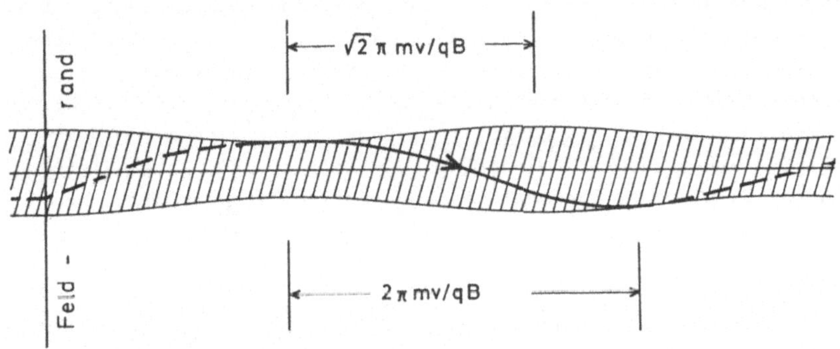

Abb.4.5 Magnetische Führung eines intensiven Strahls. Der Strahldurchmesser oszilliert um einen Mittelwert, die einzelnen Bahnen
sind spiralförmig.

Die einzelnen Bahnen konstruiert man als Vielfache aw(z) der Bahn
w(z)=R(z). Es handelt sich nach wie vor um Spiralen, aber der Achsabstand oszilliert genauso wie der Strahlradius um einen Mittelwert. Eine solche Bahn ist in der Abb.4.5 ebenfalls dargestellt.

Bei den Überlegungen, die von Gl.4.22 zu Gl.4.24 führen und damit
zu dem in Abb.4.5 dargestellten Bewegungstyp, gibt es eine wesent-
liche Voraussetzung. Es sind nur Bahnen zugelassen, die reellen
Funktionen $w(z)$ entsprechen oder reellen oder komplexen Vielfachen
solcher Funktionen. Anschaulich sind das Bahnen, die mit den Koordinatenrichtungen X und Y feste Winkel einschließen, die sich also
ebenso wie diese Koordinatenachsen um die z-Achse drehen. Andere
Bahnen - im Koordinatensystem X, Y sind das windschiefe Bahnen -
sind nicht zugelassen. Wenn solche Bahnen doch vorkommen, gilt Gl.
4.24 nicht mehr. Es kommt zu einem komplizierten, schwieriger zu
analysierenden Bewegungstyp.

Es hängt von den experimentell vorgegebenen Anfangsbedingungen der
Bahnen ab, welche Art von Bahnen und welchen Bewegungstyp man wirklich bekommt. Man könnte zum Beispiel die Bahnen parallel zur z-
Achse im Magnetfeld beginnen lassen. Das ist technisch einfach zu
realisieren, man muß nur die Teilchenquelle und eine kurze Be-
schleunigungsstrecke in das Magnetfeld bringen. Die Bahnen beginnen
von außen gesehen als achsenparallelele Bahnen; im Koordinatensystem
X, Y sind sie allerdings windschief. Gl.4.24 gilt bei diesen Startbedingungen nicht! Man kann nämlich bei der Herleitung nicht mehr
annehmen, daß es eine Bahn $w(z)=R(z)$ gibt; es gibt nur noch eine
Bahn mit $|w(z)|=R(z)$, und das kompliziert die mathematischen Zusam-
menhänge erheblich.

Die erwünschten Startbedingungen werden ohne weiteres erreicht,
wenn man mit einem begrenzten homogenen Magnetfeld arbeitet und den
Strahl außerhalb des Feldbereiches auf achsenparallelen (oder jedenfalls nicht windschiefen) Bahnen beginnen läßt. Im feldfreien
Bereich haben nämlich die Koordinatenachsen X und Y feste Richtungen, man darf annehmen, daß sie dort mit den Achsen x und y zusammenfallen. Erst im Feldbereich beginnen die Achsen sich zu drehen.
$B(z)$ in Gl.4.22 ist nun variabel; eine reelle Lösung der Gleichung
beschreibt aber nach wie vor eine Bahn in der Xz-Ebene. Solch eine
Bahn verläuft im feldfreien Bereich in der xz-Ebene, zum Beispiel
als achsenparallele Bahn. Nach dem Eintritt in das Feld dreht sie
sich mit der X-Achse. Bahnen, die im feldfreien Bereich achsenparallel (oder jedenfalls nicht windschief) beginnen, schließen auch
im Feldbereich immer einen festen Winkel mit den Koordinatenrichtungen X und Y ein. Solche Bahnen erfüllen die Voraussetzungen der
Gl.4.24 und führen daher zu dem Bewegungstyp der Abb.4.5

Man kann das unterschiedliche Verhalten der Anordnung bei den unterschiedlichen Startbedingungen auch recht gut anschaulich verstehen. Beginnt der Strahl außerhalb des Feldes, dann müssen die Teilchen den Feldrand passieren. Dort hat das magnetische Feld starke Komponenten in radialer Richtung. Die zugehörigen Kräfte sind azimutal gerichtet, sie verursachen eine Drehung der Teilchenbahnen. Die Bahnen sind daher im Feldbereich gegenüber der Feldrichtung geneigt, und es kommt eine nach innen weisende magnetische Kraft zustande. Auf Teilchen, die im Feldbereich achsenparallel laufen, wirkt dagegen keine magnetische Kraft. Wenn solche Bahnen aufgrund der Raumladung auseinanderzulaufen beginnen, übt das Magnetfeld eine Kraft in azimutaler Richtung aus, und erst dann, wenn diese Kraft zu einer Drehbewegung geführt hat, gibt es auch eine nach innen weisende Kraftkomponente. Man kann auch mit einer solchen Anordnung einen Strahl zusammenhalten, aber das funktioniert in Theorie und Praxis schlechter als mit der anderen Anordnung.

Die anhand von Abb.4.4 angestellten Überlegungen über die kinetische Energie der Teilchen gelten ungeändert auch für einen magnetisch geführten Strahl. Wie eine genauere Analyse ([19]) zeigt, kann man auch mit magnetischer Führung eine Perveanz $K > K_o$ nicht erreichen.

Strahlbeschleunigung

Ein intensiver Strahl, der in einem homogenen Feld beschleunigt wird, vergrößert seinen Querschnitt aufgrund der Raumladung. Man kann dieser Verbreiterung durch geeignete Abänderungen des Feldes entgegenwirken. Die gebräuchlichen Feldkonfigurationen werden als Pierce-Anordnungen bezeichnet. Um ihre Funktionsweise zu verstehen, betrachten wir zuerst einen Strahl wie in Abb.4.6a. Die Teilchen entstehen in der xy-Ebene mit der kinetischen Energie Null, und sie werden in die z-Richtung beschleunigt. Der Strahl soll vorerst in der x- und der y-Richtung unendliche Ausdehnung besitzen. Es gibt dann keine Kraft in x- oder y-Richtung. Man berechnet den Verlauf $\phi(z)$ des Potentials aus den folgenden Gleichungen:

$$\rho v = j = \text{const}$$

$$mv^2/2 + q\phi = E = \text{const}$$

$$\phi'' = -\rho/\varepsilon_o \tag{4.30}$$

Das sind Gl.4.3, der Energiesatz und Gl.1.8. Die Teilchengeschwindigkeit v ist nun natürlich variabel. Man erhält aus diesen Gleichungen leicht die folgende Differentialgleichung für das Potential:

$$\phi'' = -j/\varepsilon_o \left[2(E-q\phi)/m \right]^{-1/2} \tag{4.31}$$

Bei geringem Strom, $j \to 0$, ist das Potential eine lineare Funktion von z. Ihre Steigung wird durch die Potentialdifferenz zwischen den beiden Elektroden bei z=0 und bei z=L bestimmt. Die potentielle Energie qϕ ist, unter anderem für den stromlosen Fall, in der Abb. 4.6b als Funktion von z dargestellt. Bei wachsender Stromdichte tritt zu der äußeren Kraft ein Beitrag von der Raumladung hinzu.

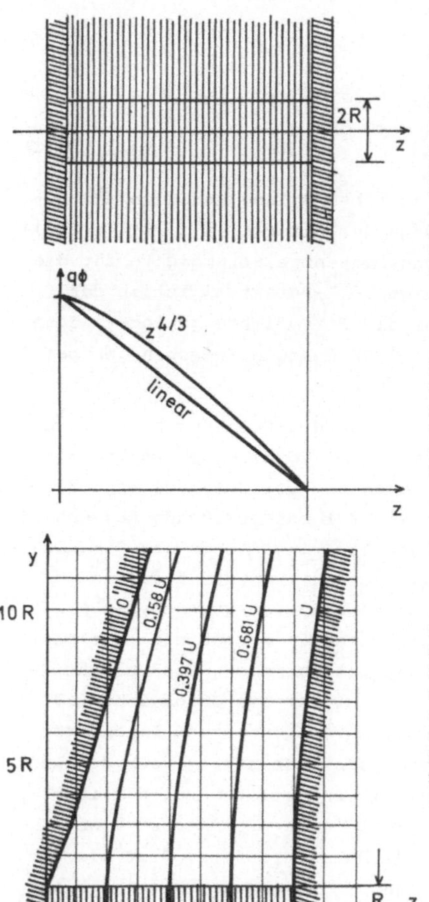

Abb.4.6 Zur Pierceanordnung

a) Die auf der linken Elektrode ohne kinetische Energie entstehenden Ladungsträger werden durch eine rechts anliegende Spannung beschleunigt. Gibt man der Anordnung, wie dargestellt, eine unendliche Ausdehnung in x- und y-Richtung, dann fliegen die Ladungsträger genau in die z-Richtung.

b) Bei g ringem Strom verläuft das Potentia von links nach rechts linear, beim größtmöglichen Strom folgt es einem z$^{4/3}$-Gesetz (raumladungsbegrenzter Strom).

c) Mit Elektroden der schraffiert dargestellten Form kann im Innenbereich ein Strahl existieren, der sich ebenso verhält wie der entsprechende Ausschnitt aus dem unendlich ausgedehnten Strahl. Die Anordnung ist rotationssymmetrisch, im Strahl muß der raumladungsbegrenzte Strom fließen. (Nach Pierce, [18], [19])

Teilchen, die bei z=0 loslaufen, werden von der Raumladung abge-
stoßen. Die bei z=0 wirksame Kraft ist geringer als im stromlosen
Fall, die Kurve der potentiellen Energie fällt bei z=0 weniger
steil nach rechts ab. Man kann die Stromdichte so lange steigern,
bis die wirksame Kraft bei z=0 nahezu Null ist; die Kurve der potentiellen Energie beginnt dann nahezu waagerecht. Weiter kann die
Stromdichte nicht gesteigert werden, die abstoßende Kraft der Raumladung würde dann bei z=0 überwiegen, die Teilchen würden zum Entstehungsort z=0 hin zurückbeschleunigt. Man findet aus Gl.4.31, daß
das Potential im Grenzfall einem Gesetz der Form

$$\phi = \phi_o + const \; z^{4/3} \tag{4.32}$$

genügt, und daß die maximal mögliche Stromdichte

$$j_{max} = 2/9\pi \cdot U^{3/2} K_o / L^2 \tag{4.33}$$

ist. U ist die Potentialdifferenz zwischen Anfang und Ende der Be-
schleunigungsstrecke, L ist die Länge der Strecke, K_o ist in Gl.4.11
definiert. j_{max} heißt die raumladungsbegrenzte Stromdichte für die
betrachtete Anordnung. Das zugehörige $z^{4/3}$-Potential ist in der
Abb.4.6b ebenfalls aufgetragen. Ist die Stromdichte geringer, dann
stellt sich ein Verlauf der potentiellen Energie zwischen den beiden in Abb.4.6b dargestellten Kurven ein.

Wir betrachten als nächstes einen in x- und y-Richtung begrenzten
Strahl, zum Beispiel einen Strahl mit kreisförmigem Querschnitt.
Wir wollen untersuchen, ob es Bedingungen gibt, unter denen der begrenzte Strahl sich ebenso verhält wie der entsprechende Ausschnitt
aus dem unbegrenzten Strahl. Das Potential im Inneren des Strahls
darf in der neuen Situaton nach wie vor nur von der Koordinate z
abhängen, die Abhängigkeit muß dieselbe sein wie vorher. Die Kraft
und die Geschwindigkeit zeigen dann weiter in z-Richtung, sie hängen weiter nach Gl.4.30 mit dem Potential zusammen. Zusätzliche Bedingungen sind am Rand des Strahls zu stellen. Die Stromdichte fällt
dort in einem schmalen Übergangsbereich vom konstanten Innenwert
auf Null. Potential und Feldstärke müssen sich stetig über den Rand
hinaus fortsetzen; eine Unstetigkeit im Potential würde nämlich
eine Dipolschicht und eine Unstetigkeit in der Feldstärke eine
Oberflächenladung auf dem Rand des Strahls erfordern. Sind diese
Anschlußbedingungen erfüllt, dann kann im Innenbereich tatsächlich
ein Strahl mit den geforderten Eigenschaften existieren.

Für das Potential im Außenbereich spielen die Anschlußbedingungen
die Rolle von mathematischen Randbedingungen, die das Potential neben der Laplacegleichung erfüllen muß. Im Außenbereich muß also
gelten:

$$\Delta\phi = O$$

$$\phi(\text{Rand}) = \phi(z)$$

$$d\phi/dx(\text{Rand}) = d\phi/dy(\text{Rand}) = O \tag{4.34}$$

$\phi(z)$ ist der vorgegebene Potentialverlauf im Inneren und auf dem
Rand des Strahls, also zum Beispiel nach Gl.4.32. Lösungen dieses
Randwertproblems sind für einige geometrisch einfache Situationen
bekannt. Abb.4.6c illustriert die Lösung für einen Strahl mit
kreisrundem Querschnitt; die Lösung gilt für den Fall, daß der volle raumladungsbegrenzte Strom nach Gl.4.33 fließt, das Potential
auf dem Rand steigt dann mit $z^{4/3}$ wie in Gl.4.32. Man beachte, daß
die Äquipotentiallinien senkrecht auf der Strahlbegrenzung stehen;
das ist die geometrische Bedeutung der zweiten Randbedingung.

Um den zeichnerisch dargestellten Potentialverlauf technisch zu realisieren, ersetzt man zwei Äquipotentialflächen durch metallische
Elektroden mit den zugehörigen Spannungswerten. Dann stellt sich in
Gegenwart des Strahls des gezeichnete Potentialverlauf ein; die
Randbedingungen der Gl.4.34 sind erfüllt, die Verhältnisse im
Strahl sind mit denen im unbegrenzten Strahl identisch. Das ist allerdings nur dann wirklich der Fall, wenn die äußeren Elektroden
sich bis in den Strahl fortsetzen. Versieht man, um den Strahl in
ein feldfreies Gebiet weiterlaufen zu lassen, die rechte Elektrode
mit einem Loch, dann sind dort die Randbedingungen nicht mehr erfüllt, und es kommt zu Abweichungen vom idealen Verhalten.

Für andere Strahlquerschnitte lassen sich entsprechende Anordnungen
angeben. Es gibt noch weitere Anordnungen, die auf ähnlichen Überlegungen basieren. Man geht nicht mehr von einem unbegrenzten ebenen Strahl aus, wie in Abb.4.6a, sondern von Strahlen, die von einer
Zylinderfläche konzentrisch zur Achse oder von einer Kugelfläche
konzentrisch in Richtung auf den Kugelmittelpunkt hin laufen. Man
kommt so zu Pierce-Anordnungen für konvergente Strahlen.

Strahlen in Pierce-Anordnungen haben zwei Eigenschaften, die unbeschleunigte Strahlen nicht besitzen. Zum ersten gibt es keine Variation des Potentials quer zu Strahlrichtung; Die Geschwindigkeit
der Teilchen im Strahlinneren ist dieselbe wie die der Teilchen am

Rand. Zum Zweiten gibt es zwar eine Beschränkung für die Stromdichte, aber keine Beschränkung für den Gesamtstrom. Für unbeschleunigte Strahlen gilt gerade das Gegenteil.

5 Optik mit neutralen Atomen und Molekülen

Auch auf neutrale Teilchen kann man gezielt von außen her Kräfte ausüben, und so wie bisher lassen sich die Bahnen in geeigneten Anordnungen mit Begriffen der Optik beschreiben. Die praktisch wichtigsten Kräfte sind die, die in inhomogenen elektrischen oder magnetischen Feldern auftreten. Bei vielen Atomen und Molekülen reicht die Größenordnung dieser Kräfte aus, um eine merkliche Ablenkung der Teilchen zu verursachen.

Atome oder Moleküle verändern in einem äußeren elektrischen oder magnetischen Feld ihre Energie. Die Ursache der Änderung ist meist die Wechselwirkung zwischen dem elektrischen oder magnetischen Dipolmoment des Teilchens und dem Feld; oft wird das Dipolmoment vom Feld selbst erzeugt ("induziertes" Dipolmoment). Größe und Vorzeichen der Energieänderung hängen mit der Orientierung des Dipols im Feld zusammen. Die Verhältnisse werden allerdings dadurch kompliziert, daß das Teilchen normalerweise keine feste Orientierung besitzt. Es rotiert, und dabei präzediert sein Drehimpuls $\vec{J}$ um die Richtung des Feldes. Das bedeutet, der Vektor $\vec{J}$ dreht sich um den Vektor $\vec{E}$ oder $\vec{B}$. Die Projektion des Drehimpulses auf die Feldrichtung und damit auch der Winkel zwischen den beiden Vektoren bleibt fest. Die Projektion des Drehimpulses kann dabei nicht alle denkbaren Werte annehmen, sie ist vielmehr quantisiert. Wir bezeichnen die Projektion des Drehimpulses auf die Feldrichtung mit

$$\hbar\, M \tag{5.1}$$

$\hbar = 1.05 \cdot 10^{-34}$ Js ist das Planck'sche Wirkungsquantum, die Zahl M kann lediglich bestimmte halb- oder ganzzahlige Werte annehmen. Es hängt vom Drehimpuls $|\vec{J}|$ des Teilchens ab, welche Werte das im Einzelfall sein können. Die Energieänderung im äußeren Feld wird durch diese Quantenzahl M, durch die Art und den Zustand des betrachteten Teilchens und durch die Größe der Feldstärke bestimmt. Bei nicht zu großer Feldstärke kann man nach dem Betrag der Feldstärke entwikkeln und vorerst nur den führenden Term berücksichtigen. Das ergibt die folgenden Ausdrücke für die Energieänderung W

$$W = c(M) |\vec{E}| \qquad \text{(linearer Starkeffekt)} \qquad (5.2)$$

$$W = d(M) |\vec{B}| \qquad \text{(Zeemaneffekt)} \qquad (5.3)$$

In vielen Fällen verschwinden die Koeffizienten der linearen Terme, die führenden Terme sind dann

$$W = f(M) |\vec{E}|^2 \qquad \text{(quadratischer Starkeffekt)} \qquad (5.4)$$

$$W = g(M) |\vec{B}|^2 \qquad \text{(quadratischer Zeemaneffekt)} \qquad (5.5)$$

Die Koeffizienten c, d, f und g lassen sich in vielen Fällen explizit angeben, ihr genaues Verhalten spielt aber im folgenden keine wichtige Rolle. Abb.5.1 zeigt einige typische Energiediagramme. Mit experimentell realisierbaren Größen der Feldstärke bekommt man in diesen Fällen Energieänderungen von mehr als 10^{-6}eV. Noch größere Energieänderungen kommen bei vergleichbaren Feldstärken nicht vor, aber es gibt viele Fälle, in denen die Energieänderung wesentlich kleiner ist. Beim quadratischen Zeemaneffekt ist W meist sehr klein, typisch sind 10^{-10}eV bei den angegebenen Werten der Feldstärke.

Im folgenden werden wir Atome und Moleküle betrachten, die sich in Feldern veränderlicher Richtung bewegen. Die Achse, auf die sich die Quantenzahl M bezieht, ändert sich dann im Laufe der Zeit. Man kann aber zeigen, daß die Projektion des Drehimpulses auf die veränderliche Richtung erhalten bleibt, wenn nur die Änderung genügend

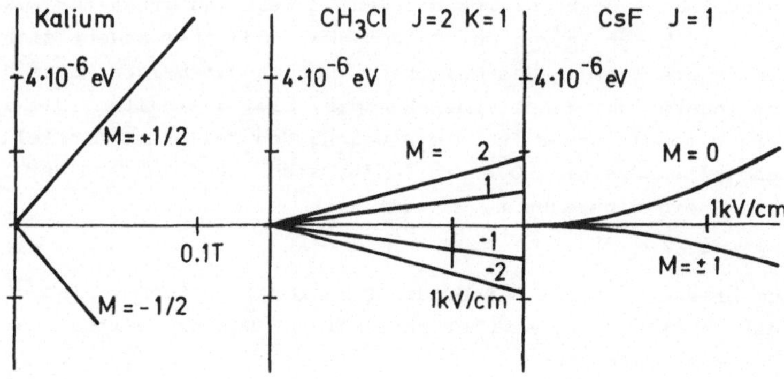

Abb.5.1 Zeeman- und Starkeffekt an Atomen und Molekülen. Die Energieänderung W ist als Funktion der Feldstärke B oder E aufgetragen.

langsam vor sich geht. Man bezeichnet eine derart langsame Änderung
als "adiabatisch". Bei einer adiabatisch langsamen Änderung der
Feldrichtung hat also der Drehimpuls immer ausreichend Zeit, um
sich so auszurichten, daß der Winkel zwischen Drehimpulsrichtung
und Feldrichtung erhalten bleibt; die Quantenzahl M bleibt dann
fest. Man kann die Bedingungen, unter denen eine Änderung adiabatisch ist, leicht abschätzen, indem man die Zeitdauer der Präzessionsbewegung mit der Schnelligkeit der Änderung vergleicht. Eine
Änderung ist adiabatisch, wenn sie im Vergleich zur Präzessionsbewegung langsam vor sich geht. Für einen Umlauf des Vektors $\vec{J}$ um die
Feldrichtung wird eine Zeit der Größenordnung

$$T = \hbar/\Delta W \tag{5.6}$$

benötigt, ΔW ist der Abstand zweier benachbarter Energieniveaus.
Entnimmt man die Größenordnung von ΔW aus der Abb.5.1, dann findet
man für T etwa 10^{-9}s. Praktisch hat man es meist mit Atomen mit
thermischer kinetischer Energie zu tun. Sie legen in 10^{-9}s eine
Strecke von weniger als 10^{-6}m zurück. Die Feldrichtung ändert sich
auf einer so kurzen Strecke kaum. Man kann also davon ausgehen, daß
die Änderung der Feldrichtung praktisch immer adiabatisch erfolgt.
Wir wollen das im folgenden als streng gültig voraussetzen. Ausnahmen und ihre Auswirkung werden später kurz diskutiert.

Als nächstes betrachten wir die Bewegung in einem inhomogenen, also
nach Betrag und Richtung veränderlichen Feld. Da die Feldrichtung
sich adiabatisch ändert, bleibt die Zahl M fest. Aufgrund der Bewegung ändert sich der Betrag der Feldstärke, und daher ändert sich
mit W die innere Energie des Teilchens. Die Gesamtenergie, also die
Summe aus innerer und kinetischer Energie, bleibt erhalten. Die innere Energie spielt daher für die Bewegung des Teilchens die Rolle
der potentiellen Energie. Die Kraft läßt sich wie immer aus der potentiellen Energie berechnen, es gilt

$$\vec{F} = - \operatorname{grad} W \tag{5.7}$$

Natürlich braucht man bei der Gradientenbildung nur den variablen
Teil W der inneren Energie zu berücksichtigen. Die expliziten Ausdrücke für die Kraft sind

$$\vec{F} = -c(M) \operatorname{grad}|\vec{E}| \tag{5.8}$$

für den Fall des linearen Starkeffekts und

$$\vec{F} = -f(M) \operatorname{grad}|\vec{E}|^2 \tag{5.9}$$

beim quadratischen Starkeffekt. Die Kraft im Magnetfeld berechnet man analog.

Praktisch eingesetzt werden Feldkonfigurationen, die in der Lauf- richtung der Teilchen, der z-Richtung, eine große Ausdehnung besiz- zen. Das Potential eines elektrischen Feldes, das in der Nähe der z- Achse keine Quellen besitzt und dessen Feldstärke nicht von der Ko- ordinate z abhängt, läßt sich in Polarkoordinaten in der Form

$$\phi = \sum_{n=1}^{\infty} \phi_n$$

$$\phi_n = a_n/n \; r^n \cos(n\varphi - \alpha_n) \tag{5.10}$$

darstellen. r ist der Abstand von der z-Achse, φ ist der Azimutwin- kel. Die Konstanten a_n und α_n sind frei wählbar. Die Feldstärke läßt sich entsprechend ausdrücken:

$$\vec{E} = \sum_{n=1}^{\infty} \vec{E}_n$$

$$\vec{E}_n = -a_n r^{n-1} \left[\cos(n\varphi - \alpha_n) \, \vec{e}_r - \sin(n\varphi - \alpha_n) \, \vec{e}_\varphi \right] \tag{5.11}$$

$\vec{e}_r$ und $\vec{e}_\varphi$ sind die Einheitsvektoren in radialer und in azimutaler Richtung. Es gilt

$$|\vec{E}_n|^2 = a_n^2 \, r^{2n-2} \tag{5.12}$$

Eine entsprechende Entwicklung mit völlig analogen Formeln gilt auch für das magnetische Feld.

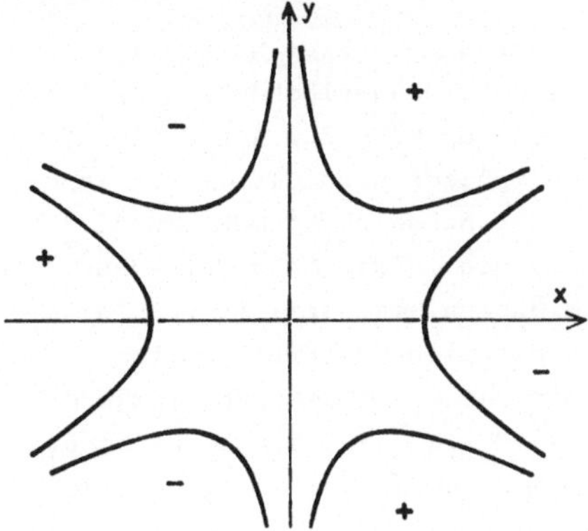

Abb.5.2 Äquipotentialflächen des Hexapolfeldes

Elektrische oder magnetische Felder, die einem einzelnen Summanden
der Entwicklung in Gl.5.11 entsprechen, bezeichnet man als Dipol,-
Quadrupol-, Hexapolfelder und so weiter. Der Summand mit n=1, das
Dipolfeld, ist einfach ein homogenes Feld; n=2 ergibt das Quadrupolfeld, das wir schon aus Abschnitt 2.6 kennen; für das elektrische Hexapolfeld, n=3, sind in Abb.5.2 die Äquipotentialflächen
dargestellt. Nach Gl.5.12 hängt in derartigen Feldern der Betrag
der Feldstärke nicht vom Winkel φ ab. Die Kraft nach Gl.5.8 oder
5.9 zeigt daher überall in radialer Richtung, ihr Betrag hängt
ebenfalls nicht vom Winkel ab. Das Kraftfeld ist völlig rotationssymmetrisch, obwohl das zugrundeliegende elektrische oder magnetische Feld keineswegs rotationssymmetrisch ist.

Um ein optisch abbildendes System zu bekommen, benötigt man ein lineares Kraftgesetz. Man rechnet leicht nach, daß das beim linearen
Zeeman- oder Starkeffekt mit einem Hexapolfeld erreicht wird und
beim quadratischen Zeeman- oder Starkeffekt mit einem Quadrupolfeld. Solche Felder stellen rotationssymmetrische Linsen dar. Sie
sind fokussierend oder defokussierend, je nachdem, ob die Kraft zur
Achse hin oder von der Achse weg zeigt. Im fokussierenden Fall sind
die Bahnen im Feldbereich von der Form

$$x,y = a \cos kz \; + \; b \sin kz \tag{5.13}$$

Die Konstante k läßt sich leicht aus den Konstanten c, d, f oder g
in den Ausdrücken für die Energieänderung berechnen. Technisch erreichbar sind Werte der Größenordnung $k \lesssim 10 m^{-1}$. Die Kardinalelemente
und die Transfermatrix eines Feldes endlicher Länge berechnet man
wie bei der in Abschnitt 2.6 besprochenen Quadrupollinse. Jetzt ist
aber $f_x = f_y$.

Linsen aus Quadrupol- und Hexapolfeldern haben zwei Nachteile:
a) Auf der Achse ist das elektrische oder magnetische Feld Null.
Daher ist die Energieaufspaltung ΔW in der Nähe der Achse klein,
und die Präzessionsbewegung des Drehimpulses nach Gl.5.6 ist langsam. Der Drehimpuls ist in der Nähe der Achse nicht mehr an die
Feldrichtung gekoppelt. Bei Teilchen, die in die Nähe der Achse
kommen, kann sich die Quantenzahl M ändern, man spricht von "nicht-
adiabatischen" Übergängen. Mit M ändert sich das Kraftgesetz,
solche Teilchen werden anders als vorgesehen fokussiert. In der Praxis werden solche Linsen oft mit einer Blende auf der Achse betrieben. Bahnen, die der Achse nahe kommen können, werden augeblendet.

b) Zustände, bei denen die Energie W mit wachsender Feldstärke abnimmt, können mit solchen Feldern nicht fokussiert werden. Das trifft zum Beispiel auf den Rotationszustand J=1, M=±1 des CsF nach Abb.5.1 zu. Für einen derartigen Zustand zeigt die Kraft immer von der Achse weg, die Teilchen werden defokussiert.

Felder mit anderen Eigenschaften bekommt man, wenn man die Summe in Gl.5.11 nicht, wie bisher, auf einen einzigen Term beschränkt. Für das Quadrat der Feldstärke ergibt sich in einem solchen Fall der Ausdruck

$$|\vec{E}|^2 = a_1^2 + 2a_1 a_2 \cos(\varphi + \alpha_1 - \alpha_2) \cdot r$$

$$+ a_2^2 \cdot r^2 + 2a_1 a_3 \cos(2\varphi + \alpha_1 - \alpha_3) \cdot r^2 + \ldots \ldots \quad (5.14)$$

Wir wollen nun verlangen, daß der Koeffizient a_1 nicht Null ist. So wird jedenfalls erreicht, daß die Feldstärke $\vec{E}$ auf der Achse nicht verschwindet. Wir diskutieren zunächst den Fall des quadratischen Starkeffekts. Die Energie W ist dann zu dem Ausdruck in Gl.5.14 proportional. Zur Berechnung der Kraft hat man im wesentlichen den Gradienten dieses Ausdrucks zu bilden. Dabei ergibt der lineare Term in Gl.5.14 eine Kraft, die auf der z-Achse nicht ohne weiteres Null wird. Soll die z-Achse nach wie vor die optische Achse des Systems sein, dann muß dieser Term verschwinden. Wegen $a_1 \neq 0$ erfordert das $a_2 = 0$. Man bezeichnet Felder mit

$$a_1 \neq 0, \quad a_2 = 0, \quad a_3 \neq 0 \quad\quad\quad\quad (5.15)$$

als Zweipolfelder. Zweipolfelder haben die Eigenschaft, daß das Feld auf der optischen Achse nicht verschwindet und daß $|\vec{E}|^2$ sich in der Nähe der Achse mit r^2 ändert. Wir drücken die Energie W nun wieder in cartesischen Koordinaten aus. Für den Fall des quadratischen Starkeffekts findet man

$$W = fa_1^2 + 2fa_1 a_3 (x^2 - y^2) + \ldots \ldots \quad\quad (5.16)$$

Dabei ist $\alpha_3 - \alpha_1 = 0$ gesetzt; diese Differenz legt lediglich die Orientierung des Feldes fest. Die potentielle Energie W(x,y) hat dieselbe Form wie bei der Quadrupollinse in Abschnitt 2.6. Die Kraft im Zweipolfeld und die optischen Eigenschaften sind daher mit denen einer Quadrupollinse identisch. Es gibt zwei ausgezeichnete Ebenen, die xz- und die yz-Ebene. Bahnen in der einen Ebene werden fokus-

siert. Es hängt vom Vorzeichen des Koeffizienten f in der Gl.5.4
ab, welche der beiden Ebenen die fokussierende ist.

Diese Schlußfolgerungen gelten für das optische Verhalten eines
Zweipolfeldes auch, wenn man es mit dem linearen Stark- oder Zeemaneffekt zu tun. Um in diesen Fällen von Gl.5.14 zu Gl.5.16 zu ge-
langen, muß man noch aus der Gl.5.14 die Wurzel ziehen. In der Nähe
der optischen Achse kann man das wieder mit einer Reihenentwicklung
bewerkstelligen. Am prinzipiellen Aufbau der Gl.5.16 ändert sich
dadurch nichts.

Ein einzelnes Zweipolfeld ist wegen der Defokussierung in der einen
Ebene nicht besonders nützlich. Man kann aber wieder das Prinzip
der AG-Fokussierung anwenden. Zwei um 90° gegeneinander verdrehte
Zweipolfelder können wie in Abb.2.18 eine Fokussierung in beiden
Ebenen bewirken. Das funktioniert immer, unabhängig vom Vorzeichen
der Energieänderung im Feld. Mit gekreuzten Zweipolfeldern kann
man, anders als mit Quadrupol- oder Hexapolfeldern, auch Zustände
fokussieren, bei denen die Energie W mit zunehmender Feldstärke
geringer wird.

Abb.5.3a zeigt die Äquipotentialflächen für das Feld zweier Drähte,
die auf entgegengesetztem Potential liegen. In der Nähe der Mittel-
linie bekommt man mit dieser Anordnung ein Zweipolfeld. Man erkennt
leicht, daß die Feldstärke in der y-Richtung abnimmt, in der x-
Richtung dagegen zu. Abb.5.3b zeigt die Äquipotentialflächen eines
von Friedmann [21] angegebenen Zweipolfeldes. Es zeichnet sich
durch das Verschwinden bestimmter höherer Potenzen in dem Ausdruck
W(x,y) für die Energie aus.

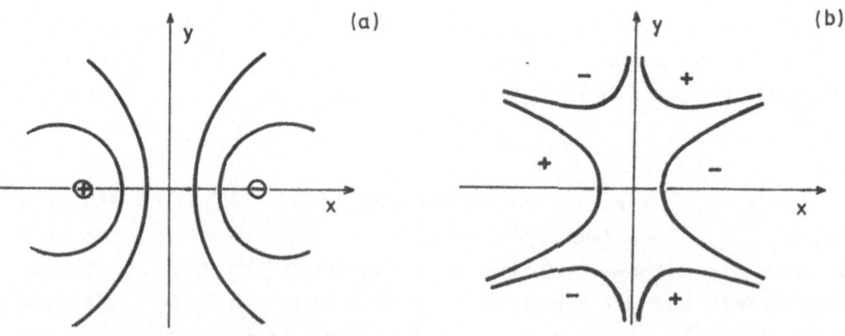

Abb.5.3 Zweipolfelder

Die besprochenen Linsen besitzen Abbildungsfehler. Beim Zweipolfeld werden solche Fehler schon durch die (unvermeidlichen) höheren
Entwicklungsterme in Gl.5.14 verursacht. Quadrupol- und Hexapolfelder können im Prinzip so gebaut werden, daß Gl.5.12 exakt richtig
ist. Es kommen dann aber durch die bisher nicht berücksichtigten
höheren Potenzen in den Ausdrücken für die Energie, Gl.5.2 - 5.5,
Abbildungsfehler zustande. Der Spin der Atomkerne ist bisher still-
schweigend vernachlässigt worden. In Wirklichkeit besitzt der Spin
einen kleinen Einfluß auf das Kraftgesetz, den man bei einer genau-
en Analyse berücksichtigen muß.

Die Vorfaktoren c, d , f und g in Gl.5.2-5.5 hängen nicht nur von
der Quantenzahl M sondern allgemein vom Zustand des Atoms oder Mo-
leküls ab. Die Abbildungseigenschaften der besprochenen Anordnungen
sind daher für unterschiedliche Zustände verschieden. Man kann diese Eigenschaft benutzen, um einen Zustandsselektor zu bauen. Das
ist tatsächlich die häufigste Anwendung der Abbildung in inhomogenen Feldern. Quadrupol- und Hexapolfelder, die den linearen oder
quadratischen Starkeffekt oder den linearen Zeemaneffekt ausnützen,
werden oft für derartige Anwendungen eingesetzt. Abb.5.4 zeigt ein
Beispiel für eine solche Apparatur. Die Kräfte beim quadratischen
Zeemaneffekt sind für praktische Anwendungen zu klein. AG-Fokussierung in gekreuzten Zweipolfeldern ist ebenfalls mit Erfolg zur Zustandsanalyse eingesetzt worden [23]. Es sind weitere Typen von inhomogenen Feldern diskutiert worden [24] , aber sie werden bisher
nicht praktisch eingesetzt.

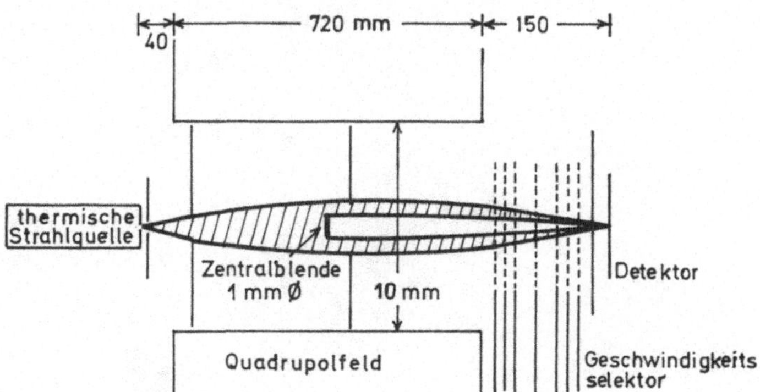

Abb.5.4 Apparatur zur Fokussierung und Zustandsanalyse polarer
Moleküle. Die Darstellung ist überhöht. Die Elektrodenspannung
beträgt einige kV (nach Bennewitz, Paul und Schlier, [22]).

Geschwindigkeitsanalysatoren für neutrale Teilchen können im Prinzip mit inhomogenen Feldern nach dem Schema der Abb.3.1 gebaut werden. Mit der Schwerkraft läßt sich wie in Abb.3.9 ein fokussierender Geschwindigkeitsanalysator bauen. In der Praxis werden stattdessen mechanische Selektoren verwendet, die nach dem Prinzip des Fizeau-Rades arbeiten (rotierende, geschlitzte Scheiben). Die Apparatur der Abb.5.4 enthält einen solchen Selektor.

Literaturhinweise

A   Allgemeine Literatur zur Vertiefung

1.   Septier, A., Hrsg.: Focusing of Charged Particles. New York:
     Academic Press 1967, 2 Bände

2.   Flügge, S., Hrsg.: Handbuch der Physik XXXIII, Korpuskularop-
     tik. Berlin: Springer 1956, insbesondere:
     W.Glaser: Elektronen- und Ionenoptik

3.   Hawkes, P.W.: Electron Optics and Electron Microscopy. London:
     Taylor and Francis 1972

B   Linsendaten

4.   Harting, E., Read, F.H.: Electrostatic Lenses. Amsterdam:
     Elsevier 1976

5.   El-Kareh, A.B., El-Kareh, J.C.J.: Electron Beams, Lenses, and
     Optics. New York, Academic Press, 1970, 2 Bände

6.   Heise, F., Rang, O.: Experimentelle Untersuchungen an elektro-
     statischen Elektronenlinsen. Optik $\underline{5}$ (1949) 201-16

7.   Pohlit, W.,Lippert, W.: Zur Kenntnis der elektronenoptischen
     Eigenschaften elektrostatischer Linsen. Optik $\underline{9}$ (1952) 456-62
     und Optik $\underline{10}$ (1953) 447-54

8.   Hanßen, K.J.: Zur Systematik asymmetrischer Elektronen-Einzel-
     linsen. Optik $\underline{15}$ (1958) 304-17

9.   Dugas, J., Durandeau, P., Fert, C.: Lentilles électroniques
     magnétiques symétriques et dyssymétriques. Revue Opt. théor.
     instrum. $\underline{40}$ (1961) 277-305

C   Sonstige Literatur

10. Elmore, W.C., Garrett, M.W.: Measurement of Two-Dimensional
     Fields. Part I: Theory. Rev. Sci. Instrum. $\underline{25}$ (1954) 480-85
     und Dayton, I.E., Shoemaker, F.C., Mozley, R.F.: The Measure-
     ment of Two-Dimensional Fields. Part II: Study of a Quadrupole
     Magnet. Rev. Sci. Instrum. $\underline{25}$ (1954) 485-89

11. Haine, E.M., Einstein, P.A.: Characteristics of the hot
     cathode electron microscope gun. Brit. J. Appl. Phys. $\underline{3}$ (1952)
     40-46

12. Wijnandts van Resandt, R.W., Champion, R.L., Los, J.: Diffrac-
     tion Effects in the Differential Scattering of Li^+ by the Rare
     Gases. Chem. Phys. $\underline{17}$ (1976) 297-309

13. Herzog, R.: Berechnung des Streufeldes eines Kondensators,
     dessen Feld durch eine Blende begrenzt ist. Arch. Elektrotech.
     $\underline{29}$ (1935) 790-802   und
     Elektronenoptische Zylinderlinsenwirkung der Streufelder eines
     Kondensators. Physik. Zeitschr. $\underline{41}$ (1940) 18-26

14. Beiduk, F.M., Konopinski, E.J.: Focusing Field for a 180° Type Spectrograph. Rev. Sci. Instrum. 19 (1948) 594-98

15. Nier, A.O., Roberts, T.R.: The Determination of Atomic Mass Doublets by Means of a Mass Spectrometer. Phys. Rev. 81 (1951) 507-10 und
Johnson, E.G., Nier, A.O.: Angular Aberrations in Sector Shaped Electromagnetic Lenses for Focusing Beams of Charged Particles. Phys. Rev. 91 (1953) 10-17

16. Paul, W., Reinhard, H.P.,von Zahn, U.: Das elektrische Massenfilter als Massenspektrometer und Isotopentrenner. Z.Phys. 152 (1958) 143-82

17. Abramowitz, M., Stegun, I.A.: Handbook of Mathematical Functions. New York: Dover Publications 1965, Kapitel 7

18. Pierce, J.R.: Rectilinear Electron Flow in Beams. J. Appl. Phys. 11 (1940) 548-54.

19. Pierce, J.R.: Theory and Design of Electron Beams. New York: Van Nostrand, 1949.

20. Smith, L.P., Hartmann, P.L.: The Formation and Maintenance of Electron and Ion beams. J. Appl. Phys. 11 (1940) 220-9

21. Friedmann, H.: Polarisation und Fokussierung von Molekularstrahlen durch Zweipolfelder. Z. Phys. 161 (1961) 74-88

22. Bennewitz, H.G, Paul, W., Schlier, Ch.: Fokussierung polarer Moleküle. Z. Phys. 141 (1955) 6-15

23. Günther, F., Schügerl, K.: State Selection of Polar Molecules by Alternate Gradient Focusing. Z. Phys. Chem. N. F. 80 (1972) 155-72

24. Auerbach, D., Bromberg, E.E.A., Wharton, L.: Alternate Gradient Focusing of Molecular Beams. J. Chem. Phys. 45 (1966) 2160-6

<u>Stichwortverzeichnis</u>

Teubner Bücher DATENVERARBEITUNG / INFORMATIK

Brauch: Programmierung mit BASIC
2. Aufl. 200 Seiten. DM 14,80

Brauch: Programmierung mit FORTRAN
5. Aufl. 224 Seiten. DM 15,80

Erbs/Stolz: Einführung in die Programmierung mit PASCAL
232 Seiten. DM 22,80

Görke: Fehlerdiagnose digitaler Schaltungen
230 Seiten. DM 16,80

Haase/Stucky/Wegner: Datenverarbeitung heute
284 Seiten. DM 21,80

Heinrich/Stucky: Programmierung mit ALGOL 60
2. Aufl. 157 Seiten. DM 12,80

Kaletsch: Programmierung mit PL/I
160 Seiten. DM 12,80

Kießling/Lowes: Programmierung mit FORTRAN 77
184 Seiten. DM 12,80

Löthe/Quehl: Systematisches Arbeiten mit BASIC
Problemlösen - Programmieren
188 Seiten. DM 19,80

Menzel: BASIC in 100 Beispielen
2. Aufl. 216 Seiten. DM 21,80

Menzel: BASIC in 100 Beispielen/Disketten-Version APPLESOFT
2. Aufl. 216 Seiten. Beilage: Diskette mit allen
BASIC-Programmen in APPLESOFT. DM 59,80

Ottmann/Widmayer: Programmierung mit PASCAL
2. Aufl. 269 Seiten. DM 17,80

Schmidt: Digitalelektronisches Praktikum
2. Aufl. 238 Seiten. DM 16,80

Singer: Programmierung mit COBOL
4. Aufl. 312 Seiten. DM 17,80

Waldschmidt: Schaltungen der Datenverarbeitung
264 Seiten. DM 39,80

Preisänderungen vorbehalten

Teubner Studienbücher Fortsetzung

Mathematik

Ahlswede/Wegener: **Suchprobleme**
328 Seiten. DM 29,80

Ansorge: **Differenzenapproximationen partieller Anfangswertaufgaben**
298 Seiten. DM 29,80 (LAMM)

Bohl: **Finite Modelle gewöhnlicher Randwertaufgaben**
318 Seiten. DM 29,80 (LAMM)

Böhmer: **Spline-Funktionen**
Theorie und Anwendungen. 340 Seiten. DM 30,80

Bröcker: **Analysis in mehreren Variablen**
einschließlich gewöhnlicher Differentialgleichungen und des Satzes von Stokes
VI, 361 Seiten. DM 32,80

Clegg: **Variationsrechnung**
138 Seiten. DM 18,80

Collatz: **Differentialgleichungen**
Eine Einführung unter besonderer Berücksichtigung der Anwendungen
6. Aufl. 287 Seiten. DM 29,80 (LAMM)

Collatz/Krabs: **Approximationstheorie**
Tschebyscheffsche Approximation mit Anwendungen. 208 Seiten. DM 28,—

Constantinescu: **Distributionen und ihre Anwendung in der Physik**
144 Seiten. DM 19,80

Dinges/Rost: **Prinzipien der Stochastik**
294 Seiten. DM 34,—

Fischer/Sacher: **Einführung in die Algebra**
2. Aufl. 240 Seiten. DM 19,80

Floret: **Maß- und Integrationstheorie**
Eine Einführung. 360 Seiten. DM 29,80

Grigorieff: **Numerik gewöhnlicher Differentialgleichungen**
Band 1: Einschrittverfahren. 202 Seiten. DM 19,80
Band 2: Mehrschrittverfahren. 411 Seiten. DM 32,80

Hainzl: **Mathematik für Naturwissenschaftler**
3. Aufl. 376 Seiten. DM 32,— (LAMM)

Hässig: **Graphentheoretische Methoden des Operations Research**
160 Seiten. DM 26,80 (LAMM)

Hettich/Zencke: **Numerische Methoden der Approximation und semi-infiniten Optimierung**
232 Seiten. DM 24,80

Hilbert: **Grundlagen der Geometrie**
12. Aufl. VII, 271 Seiten. DM 26,80

Jaeger/Wenke: **Lineare Wirtschaftsalgebra**
Eine Einführung
Band 1: vergriffen
Band 2: IV, 160 Seiten. DM 19,80 (LAMM)

Jeggle: **Nichtlineare Funktionalanalysis**
Existenz von Lösungen nichtlinearer Gleichungen. 255 Seiten. DM 26,80

Teubner Studienbücher   Fortsetzung

Informatik

Berstel: **Transductions and Context-Free Languages**
278 Seiten. DM 38,– (LAMM)

Bolch/Akyildiz: **Analyse von Rechensystemen**
Analytische Methoden zur Leistungsbewertung und Leistungsvorhersage
269 Seiten. DM 28,80

Dal Cin: **Fehlertolerante Systeme**
206 Seiten. DM 24,80 (LAMM)

Ehrig et al.: **Universal Theory of Automata**
A Categorical Approach. 240 Seiten. DM 24,80

Giloi: **Principles of Continuous System Simulation**
Analog, Digital and Hybrid Simulation in a Computer Science Perspective
172 Seiten. DM 25,80 (LAMM)

Hotz: **Informatik: Rechenanlagen**
Struktur und Entwurf. 136 Seiten. DM 17,80 (LAMM)

Kandzia/Langmaack: **Informatik: Programmierung**
234 Seiten. DM 24,80 (LAMM)

Kupka/Wilsing: **Dialogsprachen**
168 Seiten. DM 21,80 (LAMM)

Maurer: **Datenstrukturen und Programmierverfahren**
222 Seiten. DM 26,80 (LAMM)

Mehlhorn: **Effiziente Algorithmen**
240 Seiten. DM 26,80 (LAMM)

Oberschelp/Wille: **Mathematischer Einführungskurs für Informatiker**
Diskrete Strukturen. 236 Seiten. DM 24,80 (LAMM)

Paul: **Komplexitätstheorie**
247 Seiten. DM 26,80 (LAMM)

Richter: **Betriebssysteme**
Eine Einführung. 152 Seiten. DM 24,80 (LAMM)

Richter: **Logikkalküle**
232 Seiten. DM 24,80 (LAMM)

Schlageter/Stucky: **Datenbanksysteme: Konzepte und Modelle**
261 Seiten. DM 24,80 (LAMM)

Schnorr: **Rekursive Funktionen und ihre Komplexität**
191 Seiten. DM 25,80 (LAMM)

Spaniol: **Arithmetik in Rechenanlagen**
Logik und Entwurf. 208 Seiten. DM 24,80 (LAMM)

Vollmar: **Algorithmen in Zellularautomaten**
Eine Einführung. 192 Seiten. DM 23,80 (LAMM)

Weck: **Prinzipien und Realisierung von Betriebssystemen**
299 Seiten. DM 29,80 (LAMM)

Wirth: **Algorithmen und Datenstrukturen**
2. Aufl. 376 Seiten. DM 28,80 (LAMM)

Wirth: **Compilerbau**
Eine Einführung. 2. Aufl. 94 Seiten. DM 16,80 (LAMM)

Wirth: **Systematisches Programmieren**
Eine Einführung. 3. Aufl. 160 Seiten. DM 22,80 (LAMM)

Teubner Studienbücher Fortsetzung

Mechanik

Becker: **Technische Strömungslehre**
Eine Einführung in die Grundlagen und technischen Anwendungen
der Strömungsmechanik. 5. Aufl. 160 Seiten. DM 19,80

Becker/Bürger: **Kontinuumsmechanik**
Eine Einführung in die Grundlagen und einfache Anwendungen
228 Seiten. DM 32,– (LAMM)

Becker/Piltz: **Übungen zur Technischen Strömungslehre**
2. Aufl. 136 Seiten. DM 17,80

Böhme: **Strömungsmechanik nicht-newtonscher Fluide**
280 Seiten. DM 34,– (LAMM)

Hahn: **Bruchmechanik**
Einführung in die theoretischen Grundlagen. 221 Seiten. DM 34,– (LAMM)

Magnus: **Schwingungen**
Eine Einführung in die theoretische Behandlung von Schwingungs-
problemen. 3. Aufl. 251 Seiten. DM 28,80 (LAMM)

Magnus/Müller: **Grundlagen der Technischen Mechanik**
3. Aufl. 300 Seiten. DM 28,80 (LAMM)

Müller/Magnus: **Übungen zur Technischen Mechanik**
2. Aufl. 292 Seiten. DM 28,80 (LAMM)

Wieghardt: **Theoretische Strömungslehre**
Eine Einführung. 2. Aufl. 237 Seiten. DM 28,80 (LAMM)